水果安全
优质高效生产技术
创新与实践

李学斌　颜丽菊　主编

U0314921

中国农业科学技术出版社

图书在版编目（CIP）数据

水果安全优质高效生产技术创新与实践／李学斌，颜丽菊主编 . —北京：
中国农业科学技术出版社，2013.8
ISBN 978 - 7 - 5116 - 1309 - 7

Ⅰ. ①水… Ⅱ. ①李…②颜… Ⅲ. ①果树园艺 Ⅳ. ①S66

中国版本图书馆 CIP 数据核字（2013）第 135599 号

责任编辑　张孝安　白姗姗
责任校对　贾晓红

出 版 者　中国农业科学技术出版社
　　　　　北京市中关村南大街 12 号　邮编：100081
电　　话　（010）82106638（编辑室）　　（010）82109704（发行部）
　　　　　（010）82109703（读者服务部）
传　　真　（010）82106650
网　　址　http://www.castp.cn
经 销 者　各地新华书店
印 刷 者　北京富泰印刷有限责任公司
开　　本　787 mm×1 092 mm　1/16
印　　张　12
字　　数　277 千字
版　　次　2013 年 8 月第 1 版　2013 年 8 月第 1 次印刷
定　　价　38.00 元

前　言

　　水果营养丰富，富含多种功能性保健成分，集解渴、保健、美容等多项功能于一体，很受广大消费者的欢迎。随着生活水平的不断提高，人们对水果的需求量会不断增加，对水果质量安全的要求也越来越高。在水果业迅速发展的当今，普及应用水果安全优质高效栽培技术完全符合当前水果业发展的要求。编者从事农技推广工作30年，紧紧围绕水果安全、优质、高效栽培这个主题，常常深入基层调查研究，积极开展各项试验和示范推广项目，切实帮助果农解决水果生产中存在的各种难点和疑点，大力推广水果各项先进实用技术，为水果业的发展和技术进步、实现果业增效和果农增收发挥了重要作用。同时，为水果业发展提出了许多意见和建议，对加快农业产业结构调整、实施科技兴农、发展效益农业、促进农村经济繁荣、实现农业可持续发展具有十分重要的意义。

　　本书分水果安全优质栽培篇、水果病虫害防治篇、水果灾害防御篇和水果产业调研篇4个部分。前三部分内容主要根据编者开展水果生产试验、示范、推广等工作编写，为省级以上专业刊物发表的文章，包括水果生产创新技术、实用知识和经验总结。后一部分主要收录了水果生产调查研究的文章，为各级政府指导做好水果生产和制定水果产业扶持政策服务。本书对指导广大果农开展水果安全、优质、高效栽培，发展精品水果、特色水果、效益水果和品牌水果，具有很好的指导意义和推广应用价值。

　　本书内容均来自水果生产第一线的试验示范研究和经验总结，内容翔实，通俗易懂，具有一定的科学性、先进性和实用性，可供农业科研、教育、推广部门的果树工作者和广大水果种植者参考。

　　由于时间短，工作量大，编者水平有限，书中定有不妥之处，敬请同行和读者批评指正。

编　者

2013 年 6 月

目　录

水果安全优质栽培篇

果树防虫网覆盖栽培技术 ……………………………………………………… 李学斌 （3）

宫川蜜橘高品质栽培的几项关键技术 ………………………………………… 李学斌 （6）

临海蜜橘栽培技术 ……………………………………………… 颜丽菊　邵宝富 （9）

"岩鱼头"牌蜜橘优质高效生产技术 ……………… 邵宝富　颜丽菊　应明再 （12）

"少核本地早"优质丰产栽培技术 …………………………………………… 李学斌 （14）

"少核本地早"栽培的几项改正技术 ……………… 叶小富　王顺法　李学斌 （17）

"满头红"优质丰产栽培技术 ………………………………………………… 李学斌 （20）

"满头红"蜜橘大棚完熟栽培　防霜防冻又提质增效 ………………………… 李学斌 （23）

中晚熟温州蜜柑高接换种优质丰产技术 …………… 颜丽菊　朱建军　陈素兰 （24）

二年丰产高效的橘树高接换种技术 ………………………… 卢志芳　颜丽菊 （27）

爱多收、赤霉素对温州蜜柑坐果和品质影响 ……………… 李学斌　黄贤华 （30）

7 种保果剂对温州蜜柑坐果率的影响试验（简报） ………… 李学斌　陈林夏 （32）

增糖灵等对提高柑橘果实品质的试验初报 ………………… 李学斌　陈林夏 （34）

增果乐对温州蜜柑坐果和果实品质影响试验初报 …………………………… 李学斌 （37）

反光膜覆盖对海涂橘园果实品质的影响 …………… 李学斌　王林云　叶小富 （38）

临海无核蜜橘周年栽培管理历 ……………………………… 颜丽菊　邵宝富 （40）

东魁杨梅栽培的几项改正技术 ……………………………… 李学斌　陈赛红 （42）

东魁杨梅早丰优质栽培技术 ………………………………… 颜丽菊　邵宝富 （44）

东魁杨梅人工疏果试验 ……………… 颜丽菊　邵宝富　金国强　王天平 （46）

杨梅地膜覆盖技术试验示范总结 …………………… 颜丽菊　罗冬芳　朱建军 （48）

杨梅高接换种技术 ………………………………… 卢志芳　颜丽菊　林加法 （51）

枇杷优质丰产栽培技术 ……………………………………… 李学斌　李学勤 （54）

沿海翠冠梨优质丰产栽培技术 ……………………………… 李学斌　邱云清 （57）

翠冠梨早结丰产优质高效栽培经验总结

………………… 王天平　颜丽菊　邵宝富　李宏根　朱建军 （59）

对提高设施栽培葡萄品质的建议 …………………………………………… 李学斌 （61）

华亮苹果优良单株选良初报 ………………… 王天平　颜丽菊　王克更　朱建军 （63）

1

水果病虫害防治篇

调整柑橘病虫害防治技术策略 ⋯⋯⋯⋯⋯⋯⋯⋯⋯⋯⋯⋯⋯ 李学斌（67）

柑橘病虫优化防治试验总结 ⋯⋯⋯⋯⋯⋯⋯⋯⋯⋯⋯⋯⋯ 颜丽菊（69）

橘园主要害虫选择性药剂的系统筛选及其组合技术效益的研究

⋯⋯⋯⋯⋯⋯⋯ 陈道茂　陈卫民　李学斌　陈林夏　张纯胄　金莉芬（72）

选择性药剂组合配套技术的效益

⋯⋯⋯⋯⋯⋯⋯ 陈道茂　陈卫民　李学斌　陈林夏　张纯胄　金莉芬（78）

台州市柑橘木虱的发生规律及防治技术 ⋯⋯⋯⋯⋯ 王洪祥　龚洁强　李学斌（81）

柑橘炭疽病的发生与防治 ⋯⋯⋯⋯⋯⋯⋯⋯⋯⋯⋯⋯⋯ 李学斌（83）

临海市柑橘树脂病的发生及防治措施 ⋯⋯⋯⋯⋯ 朱建军　颜丽菊　马志方（86）

杀螨王对柑橘害螨致死形态、毒力和药效的研究

⋯⋯⋯⋯⋯⋯⋯ 陈道茂　陈卫民　陈椒生　陈荣敏　李学斌　郑　毓（89）

灭虫灵防治柑橘潜叶蛾的效果简报 ⋯⋯⋯⋯⋯⋯⋯⋯⋯⋯ 李学斌（93）

融杀蚧螨对柑橘清园的试验初报 ⋯⋯⋯⋯⋯⋯⋯⋯⋯ 李学斌　林继君（96）

农不老防治柑橘蚜虫药效试验 ⋯⋯⋯⋯⋯⋯⋯⋯⋯ 李学斌　李学勤（98）

10%叶蝉散粉剂防治柑橘蚜虫药效试验 ⋯⋯⋯⋯ 李学斌　陈林夏　叶开贵（100）

柑橘潜叶蛾防治药剂筛选试验初报 ⋯⋯⋯⋯ 李学斌　林继君　李新标　邱云清（101）

倍硫磷防治柑橘花蕾蛆的效果简报 ⋯⋯⋯⋯⋯⋯⋯⋯ 李学斌　朱和平（102）

施保功防治柑橘贮藏期病害试验 ⋯⋯⋯⋯⋯⋯⋯⋯⋯⋯ 李学斌（103）

临海市白水洋镇杨梅病虫害统防统治成效及措施 ⋯⋯⋯⋯ 朱建军　颜丽菊（105）

杨梅根腐病防治试验 ⋯⋯⋯⋯⋯⋯⋯⋯⋯ 颜丽菊　应加正　卢志芳（108）

杨梅黑胶粉虱防治药剂筛选试验 ⋯⋯⋯⋯⋯⋯ 颜丽菊　卢志芳　应加正（109）

杨梅黄化死亡的原因及防治措施 ⋯⋯⋯⋯⋯⋯⋯⋯⋯⋯ 颜丽菊（111）

不同药剂防治东魁杨梅肉葱病效果研究

⋯⋯⋯⋯⋯⋯⋯ 颜丽菊　罗冬芳　陈钦红　朱建军　侯鹏飞（115）

艾绿士防治杨梅果蝇药效试验 ⋯⋯⋯⋯⋯⋯⋯⋯⋯ 李学斌　王林云（118）

艾绿士和咪鲜胺对杨梅采前病虫的药效试验 ⋯⋯⋯⋯⋯ 李学斌　王林云（121）

钝角胸叶甲为害枇杷的初步观察 ⋯⋯⋯⋯⋯⋯⋯ 陈林夏　李学斌　王　华（124）

水果灾害与防御篇

柑橘冷害的发生与预防措施 ⋯⋯⋯⋯⋯⋯⋯⋯⋯⋯⋯ 李学斌　王依清（129）

柑橘裂果发生的原因分析及对策 ⋯⋯⋯⋯⋯⋯⋯⋯⋯⋯ 李学斌（131）

烟气中氟扩散对柑橘的影响和挽救措施 ⋯⋯⋯⋯⋯⋯⋯ 陈林夏　李学斌（137）

海涂柑橘涝害调查 ⋯⋯⋯⋯⋯⋯⋯⋯⋯⋯⋯⋯⋯⋯ 陈林夏　李学斌（138）

椒江区大棚葡萄冻害调查 ⋯⋯⋯⋯⋯⋯⋯⋯⋯⋯⋯⋯ 李学斌（142）

2010年冬椒江区果树雪害调查浅析 ⋯⋯⋯⋯⋯⋯⋯⋯⋯⋯ 李学斌（144）

水果产业调研篇

果园套种蚕豆模式的实践与思考 …………………………………………… 李学斌（149）

椒江设施水果发展现状与对策 …………………………………………… 李学斌（154）

对椒江柑橘"滞销"引发的几点思考 …………………………………… 李学斌（158）

椒江杨梅产业发展现状及对策探讨 ……………………………………… 李学斌（161）

临海杨梅产业发展优势、问题及对策 …………………………………… 颜丽菊（164）

椒江区水果专业合作组织发展现状及对策 ……………………………… 李学斌（168）

对柑橘黄龙病防控工作的思考 …………………………………………… 李学斌（171）

临海柑橘黄龙病发生的可能性及预防对策 ……………………… 颜丽菊　高玲英（174）

加强领导　强化投入　扎实推进柑橘无病毒良种繁育场建设 ………… 李学斌（177）

构建柑橘良繁体系，打造"平安"柑橘产业 …………………………… 李学斌（180）

水果安全优质栽培篇

果树防虫网覆盖栽培技术

李学斌[*]

（浙江省台州市椒江区农业林业局，台州　318000）

在柑橘等水果无病毒苗繁育过程中，防虫网覆盖是重要的措施之一，主要用于隔离控制柑橘蚜虫、柑橘木虱等病毒传播媒介昆虫的侵害。近几年，我们将防虫网覆盖用于果树防霜冻、防暴雨、防落果、防虫鸟等，起到了确保水果产量和品质、增加经济收益的效果。由此认为，防虫网覆盖可能成为果树设施栽培的一种新模式。

1　果树防虫网覆盖的主要作用

1.1　防病虫

防虫网覆盖后，阻隔了蚜虫、木虱、吸果夜蛾、食心虫、果蝇类等多种害虫的发生传播，可达到防止这些害虫为害的目的。尤其控制蚜虫、木虱等传毒媒介昆虫的为害，对防控柑橘黄龙病、柑橘衰退病等病害的蔓延传播，以及防治杨梅、蓝莓等果蝇类害虫，防虫网覆盖可发挥重要作用。

1.2　防霜冻

对果树幼果期和果实成熟期处于冷冻和早春低温时节，易遭霜冻为害，造成冷害或冻害。采用防虫网覆盖，一是有利提升网内温度湿度；二是防虫网的隔离有利防果面结霜受伤，对预防枇杷幼果期霜害和柑橘果实成熟期冷害有极明显的效果。

1.3　防落果

杨梅果实成熟期正值多暴雨天气的夏季，选用防虫网覆盖，可减轻杨梅成熟期因暴雨引发的落果。

1.4　缓成熟

果树实施防虫网覆盖，由于防虫网的遮光和防强光直射作用，一般使果树成熟期推迟3天以上，如杨梅网式栽培，果实成熟期同露地栽培相比推迟3天左右；蓝莓网式栽培，果实成熟期要推迟5天以上。

1.5　防鸟害

果树采用防虫网覆盖，不仅有利于丰产丰收，还能防鸟害，尤其对于樱桃、蓝莓、葡萄等易遭鸟害的水果，在其成熟期覆盖防虫网对防鸟害的效果十分理想。

---

　*　李学斌（1966~　），男，浙江省台州市椒江区林业特产总站高级农艺师，椒江区首席农技专家，一直从事水果技术推广工作

2 果树防虫网覆盖的主要技术

2.1 防虫网的选择

防虫网是一种新型农用覆盖材料，常用规格有 25 目、30 目、40 目、50 目等，有白色、银灰色等不同颜色，应根据各种果树应用防虫网覆盖的目的，选择不同类型的防虫网。一般以防虫为目的，选用 25 目白色防虫网；以防霜冻、防落果和防暴雨等为目的，可选用 40 目白色防虫网。各地可根据生产需要和生产实践选择不同类型的防虫网。

2.2 防虫网的覆盖方式

分棚式和罩式两种。棚式是将防虫网直接覆盖在棚架上，四周用泥土和砖块压实，棚管（架）间用卡槽扣紧，留大棚正门揭盖，便于进棚操作管理，主要适合蓝莓、杨梅等高价值水果栽培的应用。罩式是将防虫网直接覆盖在果树上，内用竹片支撑，四周用泥土按实，可单株或多株、单行或多行全部用防虫网覆盖，操作简便，大大节省网架材料和投资成本，缺点是人为操作管理不便，这种方式适合短期、季节性的防霜冻、防暴雨、防鸟害等，如柑橘果实成熟期和枇杷幼果期的防霜冻，及杨梅、蓝莓成熟期的防果蝇和防鸟类为害等。

2.3 防虫网的覆盖时间

根据不同水果防虫网覆盖的目的和要求，确定相应的防虫网覆盖时间，如柑橘果实成熟期的防霜冻，要求在霜冻（冷空气）来临前覆盖防虫网，一般在 10 月底或 11 月初开始覆盖。如杨梅果实成熟期防果蝇和防暴雨等，一般在果实成熟前一个月开始覆盖防虫网，即 5 月上中旬。

2.4 防虫网覆盖的管理

2.4.1 防虫网覆盖前，果园要做好施肥、病虫防治等各项管理，这是防虫网覆盖栽培的重要配套措施，尤其是罩式覆盖，在防虫网覆盖前，要全面做好施肥、病虫防治等各项田间管理工作。

2.4.2 防虫网覆盖期间，要做好网室密封，四周要用泥土压实，棚顶及四周用卡槽扣紧，如遇 5~6 级以上大风，需拉上压网线，以防掀开。平时田间管理时，管理人员进出时要随手关门，以防害虫飞入棚内，同时，还要正常检查防虫网有无撕裂口，一旦发现，要及时修补，确保防虫网无害虫侵入。如防虫网用于防果实霜冻，在遭遇霜冻天气前，要将防虫网与果实隔开，以避免因果实紧贴防虫网，造成霜害损失。

2.4.3 防虫网覆盖结束后，要做好防虫网的收藏，因防虫网是以优质聚乙烯为原料，经拉丝织造而成，使用寿命可达 5 年，覆盖结束后要及时冲水清洗，晾干后，再入库收藏，可重复使用。

3 果树防虫网覆盖栽培存在的问题

防虫网覆盖栽培是实施水果安全优质栽培的重要措施之一，对提高水果抗灾防灾能力、确保水果安全生产、不用或少用化学农药、减少农药污染、增强市场竞争力、提高水果生产效益具有十分重要的意义。但当前果树防虫网覆盖栽培存在的问题也不少，主要有：一是一次性投入成本较高，尤其是网式大棚，亩*成本 3 万元左右，一般果农难以组织实施；二是网式栽培，各地研究报告不多，同露地栽培有很大差别，相关配套管理技术上有待进一步探索研究；三是防虫网覆盖栽培，对防虫抗灾作用十分明显，但对抵御极端天气，如遭遇极端低温和强风暴雨等灾害性天气，还不能发挥作用，尤其是强台风袭击导致防虫网破裂，会造成严重的经济损失。

4　果树发展防虫网覆盖栽培的几点建议

4.1　强化果树防虫网覆盖栽培技术的示范研究

防虫网覆盖是果树设施栽培的一种新模式，对防虫、防鸟、抗灾等效果明显，尤其对蓝莓、杨梅等经济价值较高的水果，应用前景十分广阔。但对防虫网覆盖栽培配套的技术研究相对滞后，各地要加大力度，开展防虫网覆盖栽培配套技术的示范研究。

4.2　强化财政投入，出台防虫网覆盖栽培技术推广的各项扶持政策

果树防虫网覆盖栽培由于一次性投入成本较高，一般果农难以推广应用，建议政府参照温室大棚的补贴标准给予补助，以促进果树网式栽培产业的发展。

4.3　加快果树防虫网覆盖栽培技术的推广应用

果树防虫网覆盖具有防虫、防鸟、防霜冻等多项功能，与温室大棚相比，网室栽培管理操作简便，同时，可减少农药使用，有利于保护生态环境，促进无公害水果生产的发展，具有很好的推广应用价值，建议各地在做好示范的基础上，加快防虫网覆盖栽培技术的推广应用。

---

* 1 亩 ≈ 666.7 米^2，1 公顷 = 15 亩

宫川蜜橘高品质栽培的几项关键技术

李学斌[*]

（浙江省台州市椒江区农业林业局，台州　318000）

宫川蜜橘为台州柑橘的主栽品种，因其适应性广、生长结果快、品质优、鲜果供应期长、果实耐贮运、生产效益较为稳定等特点，深受广大橘农的欢迎。但宫川蜜橘不同地域栽培，在不同气候条件下，应用不同的管理技术措施，果实品质差异十分明显，种植效益也差异悬殊。笔者通过多年来的生产调查和示范实践，对宫川蜜橘高品质栽培配套的几项关键技术提出以下几点建议，供各地参考。

1　园地的选择

台州地处浙江中部沿海，是宫川蜜橘等宽皮柑橘类栽培的适宜区。种植区域有山地、平原、海涂，在 20 世纪 80 年代柑橘为重要的出口创汇农产品，供不应求，生产效益好，海涂柑橘发展十分迅速，种植面积很快超越平原和山地，成为农业结构调整的主要区域。但自 20 世纪 90 年代后期开始，随着柑橘面积的不断增加，产量的大幅增长，柑橘供求矛盾的缓解，及对质量要求的不断提高，发展山地柑橘又成为农业结构调整、发展效益农业的重点区域。从多年来的生产观察调查，宫川蜜橘的高品质栽培选择山地栽培最为适宜，生产的果实色泽鲜亮、果形美观、果实含糖量高、风味浓。而海涂地和平原水稻土种植的柑橘品质不及山地栽培，但同为山地种植，不同的土壤类型，生产的宫川蜜橘果实品质差异也很大，以砂质壤土生产的果实品质最优，其次是砂质黄泥土，黏质黄泥土生产的果实品质较差，尤其排水不畅的黏质土壤品质更差。因此，宫川蜜橘实施高品质栽培，必须选择山地的砂质壤土，其次是砂质黄泥土，对黏质黄泥土要实施改良后再种植。

2　整形修剪

宫川蜜橘的整形，一般都选用自然圆头形，缺点是树冠内膛易郁蔽，绿叶层薄，果实优质果率较低。实施优质栽培宜选用自然开心形树冠，通风透光，绿叶层厚，内外均能结果，且结果部位主要集中在树冠中下部，生产的果实品质较为均匀一致，有利提高优质果率。一般树冠上部的果实，由于顶端优势，生长势强，果实易长成粗皮大果，果实品质不及中下部，且果实外观质量也较差。

宫川蜜橘的修剪，主要是剪除干扰树冠的直立性大枝或枝组、树冠之间或树冠内部的交叉重叠枝以及部分靠近地面的下垂枝等，尽量保留树冠内膛枝，疏删密生枝，剪除病虫枯枝等，以培育立体结果的优质丰产树冠为出发点，修剪时尽量保留春梢短结果母枝，对秋梢等

---

　*　李学斌（1966~　），男，浙江省台州市椒江区林业特产总站高级农艺师，椒江区首席农技专家，一直从事水果技术推广工作

中长结果母枝，果实采后要及时进行短截修剪，不宜延至春季再修剪，以免影响当年坐果。

3 保花保果

宫川蜜橘不同于其他水果，果实品质与挂果量关系密切，优质和丰产也紧紧相连，树体挂果量的多少直接影响柑橘果实品质。一般树体挂果量多，有利于生产高品质果实，若树体挂果量少，果实品质就较难提高。因此，做好保花保果对宫川蜜橘高品质栽培十分关键，主要措施：一是控梢摘心，对春梢多发树，要及时做好疏梢摘心，减少树体营养消耗，促进春梢转绿和营养积累，有利花果发育；二是营养保果，开花前和谢花后结合病虫防治，喷有机腐殖酸类等营养液，及时补充树体营养，促进坐果；三是激素调控，针对树体花量多少，分别选用不同的植物生长调节剂进行保果，一般对多花树，可选用赤霉素（九二〇）保果，对少花多梢树或遭遇异常高温等灾害性天气时，可采用2,4-D保果。

4 合理施肥

施肥与宫川蜜橘果实品质关系较为密切，主要是影响果实的大小和品质，除按传统方法根据树体发育需要，及时补充树体营养外，针对宫川蜜橘生长发育特点和果实高品质栽培的要求，在施肥上须注意以下几点：一是增施钾肥，在日常地面施肥中，尤其小暑肥的施用，选用高钾复合肥或复合肥加硫酸钾；在果实发育中后期，可结合病虫防治、根外追肥喷施高钾型叶面肥；二是控制氮肥，宫川蜜橘高品质栽培，一般不建议单独使用尿素等氮肥，尽量选用 N、P、K 三元素复合肥，同时，要控制氮的总用量；三是适补磷肥，磷对提高宫川蜜橘果实品质也十分重要，尤其幼果期的使用十分明显，通常地面施肥选用三元复合肥，基本能满足磷的需求，如出现缺磷症状，可在幼果期喷施磷酸二氢钾或于 7~8 月地面浇施磷酸二氢钾等；四是补充钙肥，柑橘补钙一般提倡在果实发育中后期，但从柑橘生产实践来看，有利果实品质提升和树体吸收利用，5月下旬至6月初是补钙的适宜时期，可喷钙尔美等专用营养液进行补钙，每隔 7~10 天喷1次，连喷2次，对减少裂果和提升品质，促进 P、K 等元素的吸收利用有重要作用，但在果实成熟采收期不宜补钙，以免影响果实的着色。

5 采前控水

水分与宫川蜜橘果实品质的关系也十分密切，尤其在果实迅速膨大期和果实成熟期，雨水多少和水分的管理对果实品质影响很大。如果实成熟期雨水多，果实就容易腐烂，果实品质也下降，反之，果实成熟采收期雨水少、日照足、温差大，品质就提高。宫川蜜橘高品质栽培，采前 30~40 天必须实施控水，一是采前 30 天园地严禁灌水，尤其是漫灌；二是地面覆盖反光膜，在国庆节前后开始全园覆盖，直至果实采后除膜，对促进果实着色、提高可溶性固形物含量等效果显著；三是搭建避雨大棚，钢架和毛竹架均可，既可控制果实成熟期的雨水，提高果实品质，又可避免果实成熟期的冷害，减少采前果实腐烂损失。

6 病虫害防治

为害宫川蜜橘的病虫害主要有柑橘蚜虫、柑橘红蜘蛛、锈壁虱、吸果夜蛾、柑橘褐圆蚧、柑橘疮痂病、黑点病、炭疽病等，对柑橘果实品质影响较大的是柑橘黑点病、柑橘红蜘蛛、锈壁虱、柑橘褐圆蚧和吸果夜蛾等。

6.1　柑橘黑点病

主要影响果实外观品质，在柑橘花谢2/3、6月多雨期、7月果实迅速膨大期分别选用喷克（进口代森锰锌）等药剂进行预防，连喷3~4次以上，对控制柑橘黑点病的发生为害有很好的效果。

6.2　柑橘红蜘蛛、锈壁虱

主要影响果实的发育和外观品质，重点是做好冬春季清园、4~5月和9~10月两个发生高峰期的防治，可选用噻螨酮、四螨嗪、哒螨酮、炔螨特、螺螨酯等杀螨剂，做到交替使用，每种杀螨剂年使用次数控制在1~2次。

6.3　柑橘褐圆蚧

主要是影响果实外观品质和诱发烟煤病，在5月、7月卵孵高峰期选用毒死蜱或噻嗪酮等药剂进行防治。

6.4　吸果夜蛾

主要是为害成熟果实，引发落果和烂果，在采前30~40天喷百树菊酯等药剂预防或用太阳能杀虫灯诱杀防治。

7　完熟采收

宫川蜜橘在充分成熟时采收，对促进果实糖分积累、提高可溶性固形物含量、提升果实品质有重要作用。台州宫川蜜橘完熟栽培，一般露地栽培11月中旬开始采收，至12月初采收结束。如采用大棚设施栽培，果实留树贮藏保鲜，可延至春节前采收，还能维持很好的果实品质，但大棚设施栽培，因考虑到棚内湿度的调控，园地必须配置滴灌等设施。

临海蜜橘栽培技术

颜丽菊* 邵宝富

（浙江省临海市特产技术推广总站，临海 317000）

临海蜜橘产自全国无公害柑橘生产示范基地县、中国无核蜜橘之乡——浙江临海，种植面积 1.1 万公顷，其中，温州蜜柑占 97.9%，年产量 20 万吨，产值约 4 亿元。

悠久的栽培历史、适宜的气候环境以及先进的栽培技术，形成了临海蜜橘独特的品质。果形端庄、色泽艳丽，果皮细薄，肉质脆嫩，汁多化渣，风味浓郁，品质极优，因而深受消费者青睐。临海蜜橘曾先后 10 多次荣获省部级金奖及名牌产品称号：1998 年荣获浙江省优质农产品金奖；1999 年分别被浙江省人民政府和 1999 年中国国际农业博览会评为名牌产品；2000 年获中国果品流通协会名优柑橘评比金奖；2001 年获中国国际农业博览会名牌产品和中国浙江国际农业博览会金奖；2002 年获浙江名牌称号和中国（浙江）柑橘博览会金奖和浙江农业博览会优质农产品金奖；2003 年获浙江省著名商标和浙江农业博览会金奖，并取得绿色农产品和浙江省无公害基地认证。

高品质带来高效益。1997 年全国性"卖橘难"，各地橘价只有 0.3~0.4 元/千克，而临海优质蜜橘最高卖到 8.4 元/千克，且供不应求。近年来，临海蜜橘在激烈的市场竞争中独占鳌头，优质果价格迅速上升。临海蜜橘主产地涌泉镇，栽培面积 1 867 公顷，年产量 4.48 万吨，产值 1.25 亿元，其中，外岙村 33.7 公顷省级柑橘示范园区，1997~2003 年总产值分别达 200 万元、234.6 万元、278 万元、290 万元、353 万元、378.7 万元、384.8 万元，经济效益十分明显。涌泉镇岩鱼头橘场 2.6 公顷的 30 年生蜜橘园，1993~2003 年 11 年累计总产量达 715 吨，总产值达 624.2 万元，平均每亩年产值达 14 550.12 元，平均售价 8.73 元/千克，其中，2003 年总产量 61 吨，总产值达 115.4 万元，平均每亩产值 29 590 元，其中，优质果售价高达 50~60 元/千克。

1 园地选择

园地宜选择土壤肥沃、土层深厚、排水良好的山地、丘陵坡地和平地为宜，尤其以选背靠大山体、坡向朝东南的山坡地栽培为佳。地下水位高的水稻田要开深沟，筑橘墩种植。滨海涂地要选择盐碱相对较轻、靠近淡水源的地方建园，切忌在地势低洼易积水或盐碱性重的地块建园。

2 选好砧木

山地、平原橘园宜选择枳作砧木，表现为亲和力强、矮化、早结、丰产、化渣、品质

---

* 颜丽菊（1964~ ），浙江省临海市特产技术推广总站高级农艺师，临海市水果首席农技专家，一直从事水果技术推广工作

优，但海涂地用枳作砧木易发生缺铁黄化，应以本地早、构头橙作砧木，但品质稍差。

3　大枝修剪

传统的精细修剪方式难以克服结果部位上移、树冠郁蔽、生长虚旺的树体结构缺陷，并且易诱发煤烟病、蚧类，产量低，品质差。为提高橘果品质，达到连年丰产优质，确保树体通风透光，立体结果，在修剪上采取重剪控高、疏删控密、摘心控长等措施，树高一般控在 2.5 米以内。对管理不善、树冠高大郁蔽、内膛空虚的橘树进行大枝修剪，采取开天窗，剪去中心直立枝，回缩 2 ~ 3 个直立大枝；内膛光秃枝留 5 ~ 10 厘米短截，促发内膛新梢，并对抽发的新梢留 5 ~ 7 叶摘心；疏删密生枝，每基枝留 1 ~ 3 个，其余疏除，强树去强留弱，弱树去弱留强；剪除直立枝，培养分枝角度大的斜生或横向生长的侧枝，增加结果面积，提高优质果比例。

4　控梢保果

控梢保果是提高临海蜜橘坐果率行之有效的措施，尤其是花期、幼果期遇异常高温或连续阴雨等灾害性天气效果更为显著。具体方法为每年 3 月底至 4 月中旬，视橘树生长情况适控春梢，少花或中花旺长树抹除树冠外部所有春梢，中、下部春梢抹去 1/2 ~ 2/3，留下的春梢留 3 ~ 4 片叶摘心作为明年结果母枝，抹梢时间以能分辨花枝后越早越好，最迟在开花前 1 ~ 2 天突击完成；夏梢抽发后，在基部留 1 ~ 2 叶摘心，于 7 月 20 日左右剪除所有夏梢，统一放出秋梢，这样既控制营养生长，提高坐果率，又为明年结果奠定基础。

5　合理施肥

为提高临海蜜橘品质，树势宜控制在中庸或偏弱，故在施肥上应适控氮肥，增施磷、钾肥，适施有机肥，及时补充硼、锌、钼等微量元素，做到合理配方施肥，使橘树壮而不旺长，氮、磷、钾比例以 1 ：（1 ~ 1.2）：（1 ~ 1.2）为宜，一般年施肥 2 ~ 3 次。

5.1　夏肥

夏肥宜重施，株施三元复合肥 0.7 ~ 0.8 千克加硫酸钾 0.2 ~ 0.25 千克，在 6 月下旬梅雨即将结束时施入。

5.2　采果肥

采果肥应及时施，株施三元复合肥 0.5 ~ 0.6 千克、尿素 0.15 ~ 0.2 千克、磷肥 0.5 ~ 0.75 千克，加腐熟栏肥 20 ~ 30 千克或饼肥 1.5 ~ 2 千克，在采果后及时施下。

5.3　谢花肥

谢花肥要看树施，树势偏弱、花量多的树施复合肥 0.2 ~ 0.25 千克加尿素 0.15 千克（树势强、花量多的加钙镁磷肥 0.5 千克，而不施尿素），树势强、花量中等或偏少的树可不施肥。

除土壤施肥外，花期用 0.2% 硼砂加 0.2% 磷酸二氢钾；幼果期选用磷酸二氢钾、绿芬威 1 号或 2 号、云大 120 等营养液根外追肥，提高坐果率，增进品质。

6　优化病虫害防治

坚持"以防为主，综合防治"的方针，加强病虫测报，抓住病虫防治的关键时期，选用高效低毒农药，并采取科学配伍，做到交替、轮换、更新使用，提高防效，减少喷药次数。

6.1 清园

冬春两季清园，降低病虫越冬基数，对减轻全年病虫为害起到事半功倍的效果。首先结合修剪，彻底剪除枯枝、病虫枝，挖除死树霉桩，清除地面残枝落叶，集中烧毁。冬季采果后用0.8~1度石硫合剂封园，3月上旬萌芽前选用松脂合剂8~10倍液或机油乳剂80~100倍液等全面清园。

6.2 病虫害防治

生长季节重点防治影响果实品质和外观的病虫害。5~6月是疮痂病、黑点病、蚧类、螨类多种病虫并发期，也是全年病虫防治的关键。为此，要根据病虫发生情况，选用波尔多液、山德生、可杀得、必备、大生、炔螨特、敌死虫、速扑杀、扑虱灵、吡虫啉等药剂防治；7~9月以防治炭疽病、锈螨、蚧类、潜叶蛾为主，选用大生（进口代森锰锌）、敌死虫、速扑杀、好年冬、哒螨灵、灭虫灵等进行防治。

7 完熟采收

完熟采收是临海蜜橘增进品质、提高效益的关键一环。在传统栽培中，早熟温州蜜柑在10月上中旬开始采收，10月下旬采收完毕，此期橘果虽然成熟，但果实色淡、囊壁厚，化渣性差，味偏酸，糖含量一般还达不到10克/100毫升，不能体现橘果应有的品质风味。实行完熟采收，将正常成熟的橘果继续留树，早熟温州蜜柑从11月上旬开始至12月上旬果实完熟期时分期分批采收，这时果实全面着色，橙红色艳，糖含量可达12~15克/100毫升，果实风味酸甜适中或浓甜，肉质细嫩化渣，非常迎合消费者的口味。12月中旬以后，果实转入过熟期，浮皮明显，品质下降，遇寒潮还会造成冻害或落果、腐烂，另外，过迟采收会影响翌年产量。因此，露地栽培最迟要在12月中旬前采收完毕。实践证明，完熟采收的橘果商品性好，质优价高，效益明显。但完熟采收要注意因冻害造成的损失，可采用大棚避雨、避冻方式或雨天、冷空气来临时树冠覆盖薄膜，减轻损失。

"岩鱼头"牌蜜橘优质高效生产技术

邵宝富[1]* 颜丽菊[1] 应明再[2]

（1. 浙江省临海市特产技术推广总站，临海 317000；2. 浙江省临海市涌泉镇林特站）

浙江省临海市涌泉镇泾东村岩鱼头橘场，立地条件为山坡地，西北东为高山屏障，东南为较开阔的谷地，土质为壤土，年平均气温 17.7℃，最低温度 – 4.9℃，适于柑橘优质栽培。全场现有柑橘 2 000 株，面积 2.6 公顷，品种为 30 年生宫川早熟温州蜜柑，树势中庸偏弱，以枳砧为主。

自 20 世纪 90 年代初以来，该场实行承包经营，推广先进适用栽培技术，科学种橘，注重质量，讲究品牌（1994 年率先申报注册了"岩鱼头"牌蜜橘商标），生产的橘果色泽亮丽，皮薄，肉质脆嫩，味浓化渣，品质极优，在市场上有较高声誉，经济效益十分显著。1993 ~ 2002 年 10 年累计总产达 654 吨，总产值达 508.8 万元，平均亩产量 1 677 千克，平均售价 7.78 元/千克，其中，2002 年最高售价达 40 元/千克。

"岩鱼头"蜜橘能取得较高的经济效益，除了有得天独厚的自然环境条件外，更主要的是实行科学种橘，走优质高效栽培之路。现将其主要技术总结如下。

1 重视树体管理，培养优质、稳产树冠

岩鱼头橘场十分重视柑橘树体管理，为提高橘果品质，达到连年优质高效，确保树体通风透光，立体结果，树高一般控制在 2.5 米以内，修剪以疏删为主，去弱留强，剪除直立枝，一般培养分枝角度大的斜生或横向生长的侧枝。

每年 3 月底至 4 月初视树势生长情况，抹除树冠上中部所有或多数营养春梢，留下部分春梢作为次年结果母枝，留 3 ~ 4 片叶摘心，到 6 ~ 7 月待夏梢抽发后，在梢基部留 1 ~ 2 个芽，继续摘心，这样既控制营养生长，提高坐果率，又为次年结果打下了基础。

2 合理配方施肥

为提高果实品质，树势控制中庸偏弱，按橘树不同生长阶段对养分的不同需求，做到合理配方施肥，严格控制氮肥用量，年施肥 2 ~ 3 次，重施夏肥，6 月下旬株施复合肥 0.8 千克 + 钾肥 0.2 千克；采果肥在采果后及时施，株施复合肥 0.6 千克 + 尿素 0.15 千克 + 磷肥 0.5 千克；春肥看树施，树势强不施；秋肥不施，同时，在幼果生长发育期用绿旺 2 号、绿旺 3 号进行根外施肥，以提高坐果率，增进品质。

3 病虫害优化防治

在常规防治基础上，重点加强对影响果实外观的病虫害的防治，如疮痂病、黑点病、红

＊ 邵宝富（1951 ~ ），原浙江省临海市特产技术推广总站高级农艺师，一直从事水果技术推广工作

蜘蛛、介壳虫等，药剂采用高效低毒低残留农药或生物农药。每年春季及时清除橘园的枯枝残叶，集中烧毁，树冠喷波美度 1~3 度石硫合剂或机油乳剂 80 倍液 1 次，春梢生长后用 99.1% 敌死虫乳油 400 倍液 + 15% 哒螨酮乳油 1 500 倍液喷雾防治红蜘蛛，在"入梅"和"出梅"季节黑点病对果面影响特别明显，选用山德生 600 倍液或大生 M-45 800 倍液等药剂防治，并兼治柑橘疮痂病。

4 适熟分批采摘，精美包装

适熟分批采摘是确保橘果上市具有高品质的关键一环。岩鱼头橘场柑橘成熟期一般在 10 月下旬至 11 月上中旬，为保证橘果上市品质，11 月上旬在柑橘果面全面着橙红色、可溶性固形物达到 12%~14% 时，分期分批采收，一般在 11 月底前采收结束。采收果实先剔除不合格果，然后进行分级，用彩印纸箱以 2.5 千克、5 千克和 10 千克等不同规格，视客户要求就地进行精美包装。

"少核本地早"优质丰产栽培技术

李学斌[*]

（浙江省台州市椒江区农业林业局，台州　318000）

"少核本地早"具有生长快、结果性好、品质优、生产效益高等特点，为目前台州市椒江区柑橘品种结构调整、发展效益水果的重点推广良种。通过多年生产实践，编者已总结出一套少核本地早的优质丰产栽培技术。

1　品种特性

"少核本地早"是从"本地早"选育出来的优良新品系，树性与"本地早"相似，树冠圆头形，生长健壮，枝条粗壮，节间密，叶绿层厚，叶片椭圆形，较大，开花期比"本地早"提早 3～4 天，以春梢和秋梢的中、短结果母枝结果为主，果实 11 月中下旬成熟。果实扁圆形，单果重 60～70 克，果皮橙黄色，囊瓣半月形，囊壁薄，果肉橙红色，肉质细嫩，果汁多，可溶性固形物含量 12%～13%，种子少，单果平均 0.4～0.6 粒。因其质优味佳，口感纯正，很受消费者青睐，产品连续多次获奖，其中，"台州湾"牌"少核本地早"，2001 年获浙江国际农业博览会金奖，2002 年获中国（浙江）柑橘博览会金奖，2003 年获浙江农业博览会金奖，市场开发前景十分看好。

2　建园栽植

园地应选择交通便利、水源充足、土层深厚肥沃的平地或缓坡地。沿海平原建园，要求地势高燥、地下水位低，并配备完整的沟渠系统。"少核本地早"宜选用构头橙或"本地早"做砧木，栽植株行距 3 米×4 米，每亩种植 56 株。山坡地栽植要挖大穴，施大肥，沿海平原要筑墩定植，定植前要施足腐熟有机肥。一般每亩施腐熟猪牛栏肥等 2 000～3 000 千克，磷肥 50 千克。

3　肥水管理

3.1　幼年树

以氮肥为主，配施磷钾肥，做到薄肥勤施。苗木栽植成活后开始施第 1 次肥，每年的 3～8 月，每月 1 次，用稀薄氮肥或复合肥与粪水混合浇施，或用棉籽饼、菜饼沤制成 10%～15% 肥液，每 100 千克肥液＋尿素 1 千克浇施，基肥在 11 月上中旬施，以腐熟有机肥（猪牛栏肥或饼肥）为主。冬、夏季园地套种绿肥或豆科作物，深翻压绿，改良土壤。

　＊李学斌（1966～　），男，浙江省台州市椒江区林业特产总站高级农艺师，椒江区首席农技专家，一直从事水果技术推广工作

3.2 结果树

年施肥 3~4 次，肥料种类以腐熟猪牛栏肥或饼肥为主，配施进口三元复合肥，混加磷肥或钾肥，一般年株施腐熟猪牛栏肥 50~60 千克或腐熟饼肥 3~5 千克，尿素 0.5~1 千克，复合肥 1.5~2 千克，磷肥或钾肥 1~2 千克。其中，芽前肥在"立春"前后施，以氮肥为主，配施磷肥；壮果逼梢肥在"大暑"后施，以氮肥、钾肥为主，配施磷肥；采果肥在采果前后施下，以腐熟有机肥为主，配施氮、磷、钾复合肥。此外，在柑橘树生长结果的不同时期，根据树势强弱和需肥特点，尤其在灾害性天气发生期间，可结合病虫害防治，喷施 0.2%~0.3% 磷酸二氢钾或绿美 UA-102 液肥（高美施）600 倍液或植宝素 2 000~3 000 倍液，及时补充树体营养，增强树势。

4 整形修剪

4.1 整形

"少核本地早"一般采用开心式自然圆头形，干高 30 厘米左右，留 3~4 个错落有致的主枝，在各主枝上培养 2~3 个副主枝，在第三主枝形成后，即将类中央干剪除或拉向一边作为结果枝组，树高一般控制在 2.5~3 米以内。

4.2 修剪

4.2.1 幼年树

一般在春梢抽发前进行，宜轻剪，按整形要求选定骨干枝，剪去内部或下部的荫蔽密集枝或交叉重叠枝，短截或疏删下垂枝。对上部的密集枝，应去弱留强。

4.2.2 结果树

冬剪在采果后进行，主要是剪除衰弱枝、病虫枝和枯枝，疏删密生枝、交叉枝或强势的徒长枝。春剪在萌芽前进行，主要是实行大枝修剪，对树冠骨干枝过多或郁蔽严重的树，锯去中间直立性的骨干枝或交叉重叠大枝，采取"开天窗"、回缩树冠高度、改善树冠通风透光条件等方法，培养立体结果的丰产稳产树冠。

5 保花保果

保花保果是"少核本地早"周年管理的一个重要环节，对产量和品质影响十分显著。主要应抓好三点：一是防好柑橘花蕾蛆，减少花蕾受害；二是环剥，"少核本地早"因易抽发六月梢，引发大量落果，故采取环剥措施，对缓和树体营养生长和生殖生长矛盾、控制六月梢抽发、提高"少核本地早"的坐果率具有十分重要的作用。一般选择直径 3~4 厘米副主枝或结果枝组，在花谢 2/3 前后，用利刀或专用刀进行环剥，环剥口宽度为 0.2~0.3 厘米，在剥后 20~25 天，如发现环剥口提前愈合的，再用铁片或环剥用具擦去愈伤组织；三是营养液和植物生长调节剂保果，因"少核本地早"花期前后易遭遇异常天气影响，对多花或少花树，谢花后，喷赤霉素（九二〇）50 毫克/升，混加各种营养液进行保果。

6 病虫害防治

6.1 病害

主要是柑橘疮痂病、炭疽病和黑点病，这些病害对"少核本地早"的坐果率和品质影响很大。在花谢后和幼果期分别选用 80% 喷克（进口代森锰锌）可湿性粉剂 600~800 倍液、75% 百菌清可湿性粉剂 800 倍液或 25% 炭特灵（溴菌清）可湿性粉剂 600 倍液等进行防治，尤其是柑橘疮痂病，在 5~6 月多雨年份，对柑橘幼果为害重，每隔 10~15 天喷 1 次，连喷 2~3 次。

6.2 虫害

主要是柑橘红蜘蛛、锈壁虱、柑橘蚜虫、柑橘花蕾蛆、褐圆蚧、黑刺粉虱和柑橘潜叶蛾。其中，幼年树重点防治柑橘蚜虫、红蜘蛛和柑橘潜叶蛾。

6.2.1 柑橘红蜘蛛、锈壁虱

做好冬、春季的清园是防治关键，对降低发生基数十分重要。冬、春季低温时，宜用 15% 哒螨酮可湿性粉剂 1 000~1 200 倍液 +5% 尼索朗乳油 1 500 倍液或 20% 四螨嗪悬浮剂 1 500~2 000 倍液；夏、秋季高温时期，可选用 50% 托尔克（苯丁锡）可湿性粉剂 2 000~3 000 倍液或 25% 三唑锡可湿性粉剂 1 000~1 500 倍液进行防治，效果十分显著。

6.2.2 柑橘蚜虫

以柑橘花期前后防治为重点，选用 10% 吡虫啉可湿性粉剂 2 000~3 000 倍液或 3% 农不老（啶虫脒）乳油 2 000 倍液均有很好效果。

6.2.3 柑橘花蕾蛆

花蕾露白期，地面施药，每亩用 50% 辛硫磷乳油 0.25~0.30 千克，对水 70~80 千克进行地面喷洒。

6.2.4 柑橘褐圆蚧、黑刺粉虱

在 5 月中下旬和 7 月中下旬的第一、二代发生高峰期，喷 48% 乐斯本（毒死蜱）乳油 1 000~1 200 倍液 +95% 机油乳剂 250 倍液、10% 吡虫啉可湿性粉剂 2 000 倍液或 40% 速扑杀乳油 1 200~1 500 倍液。

6.2.5 柑橘潜叶蛾

夏、秋梢抽发期，喷 1% 灭虫灵（阿维菌素）乳油 2 000~3 000 倍液或 10% 吡虫啉可湿性粉剂 2 000 倍液。

"少核本地早"栽培的几项改正技术

叶小富[1]　王顺法[1]　李学斌[2]*

(1. 浙江省台州市椒江区三甲街道；2. 浙江省台州市椒江区农业林业局，台州　318000)

"少核本地早"为椒江柑橘的主栽品种，也是椒江东部沿海农业结构调整、发展效益农业的重要水果。笔者经过 10 年来对"少核本地早"的生产调查和试验示范，提出"少核本地早"优质丰产高效栽培的几项改正技术，供各地参考。

1　改构头橙为"本地早"砧木，促进早结和优质丰产

椒江"少核本地早"主要种植在东部沿海平原，系海涂泥，土壤呈碱性，通常都选用构头橙作砧木，以克服海涂柑橘缺铁黄化，但表现生长快、树势强、结果迟、着果不稳和果实品质表现良莠不一等特点。自 2001 年开始，开展"少核本地早"的砧木筛选示范试验，发现采用"本地早"代替构头橙为"少核本地早"的砧木，对解决沿海柑橘缺铁黄化具有同样的作用，同时，还能促进"少核本地早"的早结和优质丰产。在椒江农场几个示范点的调查结果显示，选用"本地早"砧木的"少核本地早"具有树势中庸，结果早，丰产稳产，果个大小整齐，果皮薄而光滑，果肉囊衣薄、柔软多汁、化渣、甜酸适口，可食率高等特点，与采用构头橙砧相比，"少核本地早"采用"本地早"砧可提早结果 1~2 年，果实可溶性固形物含量提高一个百分点左右，尤其实施大棚完熟栽培，推迟至 12 月采收，果实品质提高更为明显。

2　改小苗种植为大苗定植，促进早产和降低生产成本

"少核本地早"栽培自小苗种植至投产结果，一般要 5~6 年，管理周期长，投入成本高。如选用大苗带土定植，不仅可提早结果 2~3 年，还能大大降低生产成本，缩短资金回收期。一般小苗按株行距 0.5 米 ×0.5 米进行假植，经过 2~3 年集中培育管理，选择秋季或春季带土定植上墩，这样可大大降低生产成本，又方便管理，尤其在目前劳动力价格不断提高的情况下，具有很好的推广价值。

3　改稀植为计划密植，提高土地利用率和实现早期丰产

"少核本地早"由于生长势强，树冠高大，结果期长，一般每亩栽 50 株左右，前期土地等自然资源利用率低，进入投产期迟，产量低。如采用计划密植，按永久树和间伐树分别定植。对永久树，一般按株距 3.5~4 米、行距 4~4.5 米进行定植。间伐树则在永久树株间或行间种植，定植数量为永久树的 1 倍，对间伐树的管理，要以确保永久树的正常生产结果

---

* 李学斌（1966~　），男，浙江省台州市椒江区林业特产总站高级农艺师，椒江区首席农技专家，一直从事水果技术推广工作

为中心，随着树体的不断扩大，及时剪除交叉重叠枝或分批间伐移植。实行计划密植，对提高"少核本地早"的前期产量和充分利用土地资源十分重要。通过大面积的示范，计划密植园一般第 4 年开始结果，第 6 年平均每亩产量达 2 500 千克，第 9 年平均每亩产量近 5 000 千克，不足之处是对日常的生产操作管理和果园绿肥种植带来不便。

4 改清耕栽培为生草覆盖，提高土壤肥力和抗灾能力

"少核本地早"的清耕栽培，对防止杂草争肥有一定作用，仍为一些老橘农沿用至今，但不利于园地的水土保持及提高土壤肥力和增强树体的抗逆性，尤其夏秋季遭遇台风等灾害性天气，抗旱、抗涝、抗风能力弱，易造成严重损失。如实施生草覆盖栽培，冬季利用空闲地种植黄花苜蓿、紫云英等绿肥，盛花后再进行深翻压绿，改良土壤。一般 6～9 月实行全园生草栽培，在生草栽培实施前后，对园地进行一次化学除草或人工除草。据多年来的调查，夏季树盘生草覆盖，可明显减少涝害引发的落花、落果和裂果，冬季园地种植绿肥，有利于树体安全越冬，可明显减轻树体冻害引发的枯枝、落叶。

5 改一次宽幅环剥为两次窄幅环剥，提高着果能力

"少核本地早"保果是当年管理中最重要的一环，对夺取当年的丰产十分重要，而保果中至关重要的措施就是环剥，对调节树势、控制夏梢抽发、提高着果率十分关键。一般"少核本地早"必须通过一次环割，才能确保着果丰产。环剥一次，通常采用宽幅环剥，环剥口宽度通常为枝条直径的 1/8～1/6，对树势影响较大，同时，易出现前期着果过多，后期夏梢猛发引发大量落果，表现大小年结果现象等。但自 2008 年开始改一次环剥为两次环剥，大面积的示范实践表明，两次环剥与一次宽幅环剥相比，很少出现因环剥不当造成枝组枯死或环剥效果差等现象，可促进"少核本地早"丰产稳产。

5.1 环剥树的选择

一般选择树势强、老叶多、新梢多、有一定花量的树进行，否则环剥效果不佳。

5.2 环剥时间

第一次环剥要根据花量多少确定环剥时间，一般少花树在开花后立即剥，中花树在花谢 2/3 时进行，多花树延至谢花后；第二次在第一次环剥后 20～30 天进行，主要是对原环剥口重新进行一次环剥，选用专用环剥刀环剥或钢锯条擦去原剥口愈伤组织，防止提前愈合。

5.3 环剥口的宽度和深度

环剥口的宽度一般根据枝条粗细度定，即直径 2～4 厘米的枝条，环剥口宽度为 2～3 毫米，对直立性枝组环剥口可稍宽些，剥口深度至木质部或稍带木质部，一般环剥口距离冠顶以 1.5 米内为好。

5.4 环剥后的管理

对因天气、树势等因素影响，环剥口在 7 月底尚未愈合的，要用电工黑胶布带包扎环剥口，以促进环剥口尽快愈合，同时，剪除零星抽发的夏梢和环剥口下方的徒长枝。

6 改分散施肥为集中施肥，提高肥料利用率

一般"少核本地早"一年施肥 4～5 次，即芽前肥、幼果肥、壮果逼梢肥、壮果发水肥

和采果肥。近几年根据"少核本地早"的生长特点，改分散施肥为集中施肥，年施肥次数减至2～3次，即11月底至12月上旬施采后肥、3月上、中旬施芽前肥、定果后7月下旬施壮果逼梢肥（对生长旺盛的强势树，可以不施）。在施肥方法上，大部分老橘农沿用传统的"剥皮施"，或沟施、穴施和浇施。但随着树冠的不断扩大、操作管理的不便及劳动力价格的昂贵，目前，改用地面撒施法，即在下雨前后，橘园土壤湿润时，选择易溶解的进口或国产优质硫酸钾"三元"复合肥进行地面撒施，如遇高温干旱天气时，可改用移动小水泵配套塑料软管进行冲水浇施。在施肥种类上，一般芽前肥、壮果肥以氮肥为主，为了培养中等偏强树势，提高品质，提高产量，应控氮增磷钾。

7 改精细修剪为大枝修剪，提高通风透光能力

"少核本地早"如任其自然生长，一般形成圆头形树冠，顶端优势明显，易造成主枝不开张，直立性枝条生长旺盛，内膛空虚，结果差。老橘农沿用传统的精细修剪法，费工繁琐，效果不一。近几年采用省力化大枝修剪法，以剪大枝为主，重点锯除直立性大枝，给树冠"开天窗"，剪去外围密集枝组，使树冠内外通风透光，达到"上压下发"，促春梢和秋梢健壮生长，控夏梢和晚秋梢发生，逐步形成内外通透、矮化紧凑、能立体结果的自然开心形丰产树冠。

8 改病虫害"一虫一病一防"为病虫综防，提高病虫防治效果

为了降低生产成本、减少喷药次数、提高防治效果，改原来病虫害"一虫一病一治"为综防兼治，科学合理搭配农药，节本增效。少核本地早主要病虫害有螨类、蚜虫类、潜叶蛾、炭疽病、黑点病、疮痂病等，一是选用长效药剂，兼防多种害虫，如柑橘红蜘蛛防治，选用虫卵兼杀的乙螨唑或哒螨灵加四螨嗪，残效60多天，在春季混加吡虫啉可兼治蚜虫，夏秋季混加高效氯氰菊酯可兼治潜叶蛾和其他食叶性害虫；二是选择对口药剂，防治病虫害。在柑橘黑点病防治时，选用进口或国产优质80%代森锰锌可湿性粉剂，可实现一药多治，兼防柑橘疮痂病、炭疽病和柑橘锈壁虱等，对"少核本地早"果实膨大发水期易感染柑橘炭疽病，宜选用咪鲜胺等对口药剂进行防治，效果十分显著，同时，可兼防多种贮藏期病害。实施病虫综防，一年可减少喷药2～3次，降低生产成本20%～30%，防治效果更好，且果实品质和优质果率明显提高。

"满头红"优质丰产栽培技术

李学斌[*]

（浙江省台州市椒江区农业林业局，台州 318000）

"满头红"果实可溶性固形物含量高，色泽好，贮藏至元旦、春节，风味更佳，香甜多汁，化渣，品质极佳，备受消费者青睐，市场售价是普通温州蜜柑的 2~3 倍以上。

1 特征特性

"满头红"是从实生朱红橘中选育出的一个优良品种。树势强健，树形高大，树冠圆头形，大枝较疏而粗长，稍下垂，小枝细密，叶小，狭椭圆形，先端尖钝，基部楔形。果实扁圆形，浅朱红色，皮薄易剥，果肉橙红色，肉质柔软脆嫩，汁多味甜，果渣少，有香气，种子不多。据农业部柑橘及苗木质量监督检测测试中心等单位监测："满头红"果实可食率 74.3%，每 100 毫升果汁含糖 11.61 克，酸 0.74 克，维生素 C 23.61 毫升，固酸比 18.0，可溶性固形物含量 13%~15%，平均单果重 75 克，果皮厚度 0.24 毫米，果实横径 5.25 厘米，纵径 4.49 厘米，果形指数 0.85，果肉橙红色，汁多味甜，有香气，种子 5 粒左右，品质优。果实 11 月下旬成熟。

"满头红"在一般栽培条件下，每亩产量可达 2 000~2 500 千克，如实行精细栽培管理，每亩产量可达 3 000~3 500 千克。"满头红"具有生长快、发枝能力强、树冠形成快、进入结果期早、丰产等特点。但进入盛果期后，树冠易郁蔽，必须通过合理修剪等技术措施，培养丰产稳产树冠，控制结果量，防止出现大小年结果现象。

"满头红"在台州引种多年，历经 1992 年春和 1999 年底的两次大冻害，极端低温达 -7.1℃，普通温州蜜柑受冻十分严重，减产幅度 30%~50%，而"满头红"和"本地早"表现出较强的抗冻性，冻害十分轻微，产量基本未受影响。

2 栽培技术要点

2.1 栽培密度

由于满头红生长快，结果性好，树冠高大，宜实行稀植，一般每亩栽 50~60 株，株行距 3 米 ×（3.5~4）米。

2.2 整形修剪

满头红生长势旺，萌芽力和发枝力强，树冠易郁蔽，树形宜采用自然开心形或自然圆头形。在结果或封行前，采用自然圆头形，修剪宜轻，以疏剪为主，短截、回缩为辅。进入盛果期后或树冠间出现交叉封行，宜按自然开心形进行整形，修剪宜重，以重短截和回缩

* 李学斌（1966~   ），男，浙江省台州市椒江区林业特产总站高级农艺师，椒江区首席农技专家，一直从事水果技术推广工作

为主。

幼年树修剪。一般在春梢抽发前进行，宜轻剪，以疏删为主，剪去内部或下部的交叉重叠枝，短截或疏删下垂枝，对上部的密集枝，应去弱留强，重点培养延长枝。

结果树修剪。冬剪在采果后进行，主要是剪除衰弱枝、病虫枝和枯枝，疏删密生枝、交叉枝和徒长枝。春剪在萌芽前进行，主要是实行大枝修剪，对骨干枝过多或树冠严重郁蔽的树，先锯去直立性的骨干枝或交叉重叠的大枝，"开天窗"，改善树冠通风透光条件，培养立体结果的丰产稳产树冠；对树冠间交叉郁蔽严重的树，短截回缩大枝，剪去交叉重叠枝，培养凹凸有致的立体结果树形。为减轻和防止大小年结果现象，对当年是大年结果的树，春季对树冠外围部分枝条进行短截，减少花量，增加春梢营养枝，夏季对部分枝条进行回缩短截，促发新梢，以增加翌年结果枝数量。对小年结果树，采取控梢、摘心等措施，控制营养生长，促进着果。

2.3　科学用肥

2.3.1　重施"小暑"肥

在6月底或7月初施，占全年用肥量的30% ~ 40%，一般株施三元复合肥1.0 ~ 1.5千克 + 过磷酸钙1千克。

2.3.2　稳施采果肥

采果后施，占全年施肥量的30%，株施三元复合肥0.8 ~ 1千克 + 尿素0.3 ~ 0.5千克 + 腐熟猪牛栏肥40 ~ 50千克或腐熟饼肥3 ~ 4千克。

2.3.3　适施芽前肥

在萌芽前施，占全年施肥量的20%，一般株施复合肥或尿素0.6 ~ 0.8千克 + 过磷酸钙0.5千克。

2.3.4　补施壮果逼梢肥

在"大暑"后施，占全年施肥量的10% ~ 20%，一般株施三元复合肥0.3 ~ 0.5千克 + 硫酸钾0.5 ~ 1千克。

2.4　保花保果

一是防治好柑橘蚜虫和柑橘花蕾蛆，减少花蕾受害；二是植物生长调节剂保果，在花谢3/4时，喷九二〇50毫克/升，隔10 ~ 15天再喷1.8%爱多收水剂1 500 ~ 2 000倍液保果；三是对不同类型的橘树，采取不同的保果方法，如对多花树要用植物生长调节剂加营养液进行保果，可选用九二〇50毫克/升 + 0.2% ~ 0.3%尿素 + 0.2%磷酸二氢钾或高美施500 ~ 600倍液进行保果；对少花树，以控梢、摘心为主，喷1.8%爱多收水剂1 500 ~ 2 000倍液 + 0.2% ~ 0.3%磷酸二氢钾进行保果。

另外，由于"满头红"结果性好，如当年挂果过多，导致树势衰弱，不但果实偏小，成熟期不容易着色，还影响果实的质量和等级，抑制新梢生长，容易形成大小年结果。因此，对挂果过多的树必须疏果，疏果一般在6月落果后进行，主要疏去病虫果、畸形果、小果和部分密生果。

2.5　病虫害防治

"满头红"病害主要是柑橘疮痂病、炭疽病和黑点病，可在谢花后和幼果期选用80%喷克（进口代森锰锌）可湿性粉剂600 ~ 800倍液、75%百菌清可湿性粉剂800倍液或25%炭特灵（溴菌清）可湿性粉剂 600 倍液等进行防治。黑点病严重影响果实外观质量，在 8～9 月要继续做好防治工作，每隔 10～15 天防治 1 次，连喷 2 次。

"满头红"虫害主要有柑橘红蜘蛛、锈壁虱、柑橘蚜虫、卷叶蛾、黑刺粉虱、褐圆蚧和柑橘潜叶蛾等，其中，幼年树重点是防治柑橘蚜虫、红蜘蛛和柑橘潜叶蛾。

柑橘红蜘蛛、锈壁虱的防治。做好冬、春季清园是防治的关键措施，对降低虫害发生基数十分重要。春季低温时，宜用 15% 哒螨酮可湿性粉剂 1 000～1 200 倍液 +5% 尼索朗乳油 1 500 倍液或 20% 四螨嗪悬浮剂 1 500～2 000 倍液。夏秋季高温时，可选用 50% 托尔克（苯丁锡）可湿性粉剂 2 000～3 000 倍液或 25% 三唑锡可湿性粉剂 1 000～1 500 倍液进行防治。另外，为兼治蚧类等害虫，春季清园时也可选用松碱合剂 8～10 倍液进行防治。

柑橘蚜虫的防治。以柑橘花期前后防治为重点，宜选用 10% 达克隆（吡虫啉）可湿性粉剂 2 000～3 000 倍液或 3% 农不老（啶虫脒）乳油 2 000 倍液防治。

柑橘花蕾蛆在花蕾露白期地面施药防治，每亩用 50% 辛硫磷乳油 0.25～0.30 千克对水 70～80 千克，地面喷洒。

柑橘卷叶蛾主要为害幼果，发生严重时会引发大量落果，在 5 月中旬、6 月中下旬的第一、二代幼虫盛发期分别喷 48% 乐斯本（毒死蜱）乳油 1 000 倍液进行防治，效果很好。

柑橘褐圆蚧、黑刺粉虱主要为害果实，严重影响果实外观品质，在 5 月中下旬、7 月中下旬的第一、二代孵化高峰期，喷 48% 乐斯本乳油 1 200 倍液 +95% 机油乳剂 250 倍液或 10% 达克隆可湿性粉剂 2 000 倍液进行防治。

2.6 营造防护林

因"满头红"果实皮薄而脆，沿海平原或内陆山地风口处种植，风大，果皮受伤，易引发大量"风癣"果，严重降低果实商品率。因此，新建园四周必须营造防护林，树种可选用木麻黄、法国冬青、桉树、水杉和青竹等，以减轻风害对柑橘果实的影响，提高商品率。

2.7 采收

"满头红"果皮脆嫩，易损伤，耐贮而不耐运。因此，必须严格执行采收"十大注意"，做到一果两剪，轻拿轻放，防止机械伤，避免造成果实腐烂。

"满头红"鲜销果要待充分成熟时采收，一般在 11 月底或 12 月初采收，过迟采收，果实易遭冻害。贮藏用果可适当早采，以利延长至元旦、春节销售。

贮藏用"满头红"，采后 24 小时内需用戴唑霉（抑霉唑）或 50% 施保功可湿性粉剂 1 000～1 500 倍液浸果，待果实晾干后，再装入专用塑料箱或竹篓内贮藏。

由于"满头红"皮薄而脆，易挤压受损或擦伤，不宜散装运输，统货堆卖，宜用专用塑料箱或竹篓运输，销售前再实行分级，用专用纸箱包装后销售。

"满头红"蜜橘大棚完熟栽培　防霜防冻又提质增效

李学斌[*]

（浙江省台州市椒江区农业林业局，台州　318000）

　　"满头红"蜜橘为椒江的地方特色柑橘良种，因其果色红艳、肉质细嫩、风味甜美、清香糯口，很受消费者欢迎，但由于栽培管理要求精细、果实不耐贮藏运输、采后腐烂损失大等因素影响，严重抑制满头红产业的发展。2011～2012 年首次在椒江农场开展"满头红"大棚完熟栽培示范，在防果实冻害、提高品质和增加效益方面取得了明显成效。主要表现为：一是"满头红"大棚完熟栽培，实行果实留树贮藏保鲜，具有防冻、防霜和防腐烂等作用，同时使果实采收期延长两个多月，可在春节前后采摘销售；二是"满头红"露地栽培，由于果实成熟期怕霜害和冻害，一般在 11 月底前采收，采后果实由于酸度高，需经过贮藏后熟，品质提升后再上市销售，通常贮藏到元旦、春节，而实施大棚完熟栽培，由于降酸增糖加快，品质提升明显，可提早采摘销售，且果实留树贮藏保鲜，无论肉质和口感都优于采后贮藏；三是"满头红"大棚完熟栽培，同采后贮藏相比，经过两年的示范实践，果实贮藏腐烂率可降低 20% 以上，鲜果售价可提高 0.5 倍以上，经济效益十分显著，具有很好的示范推广应用价值。

---

　　[*] 李学斌（1966～　），男，浙江省台州市椒江区林业特产总站高级农艺师，椒江区首席农技专家，一直从事水果技术推广工作

中晚熟温州蜜柑高接换种优质丰产技术

颜丽菊[1]* 朱建军[2] 陈素兰[3]

（1. 浙江省临海市特产技术推广总站，临海 317000；

2. 临海市白水洋镇农业综合服务中心；3. 临海市涌泉如意蜜橘场）

1 高接换种情况及效果

2005 年陈素兰承包了本村 500 株 20 年生中晚熟温州蜜柑，面积 0.53 公顷，位于东北坡的山脚，土质为沙质壤土，土壤肥力一般。承包前，由于管理粗放，加之为中晚熟品种，果实化渣性差，糖度低，固形物含量仅 10.5% 左右，多作为罐头原料出售，价格低，效益差，年收入仅 1.5 万元左右。2005 年春季将 500 株中晚熟温州蜜柑全部高接成早熟宫川温州蜜柑，采取一次性全面高接换头的方法，经过精心管理，高接当年抽发 5 次梢，但第五次抽发的晚秋梢全部抹除，树冠基本恢复，高接后第二年实现优质丰产，果实化渣性好，糖度高，固形物含量超过 12.5%；产量 15 吨，精品果率约占 50% 左右，价格 10 元/千克，实现产值 8 万余元，是高接前的 5 倍多。2007 年产量 18 吨，作为礼品橘销售，产值 10 万元；2008 年产量 25 吨，产值 16 万元；2009 年产量 20 吨，产值 13 万元；2010 年产量 25 吨，产值 15 万元；2011 年产量 28 吨，产值 15 万元（采收期雨水多，果实在树上易烂，损失较大）。

2 高接换种优质丰产的关键技术

柑橘树高接换种后，若管理不当，容易造成树势迅速衰退甚至死亡。陈素兰的高接换种园实现了头年嫁接第二年丰产优质高效的效果，但是也出现了一些问题，主要表现在柑橘采收后，部分橘树出现叶黄、缺镁症状和树势衰退现象，特别是土层薄、土质差、挂果多的树表现更明显。主要原因是：橘树高接换种后，根系受到严重损伤，吸收肥水能力减弱，有利于花芽分化、坐果率高，而挂果多，养分水分消耗也大，加重了根系的负担。在分析出现的问题后，在管理上调整方法，收到了很好的效果，保证了其连年优质丰产。

2.1 多头高接

3 月上旬至中旬高接。在品质优良、丰产稳产母树上，采集树冠中上部生长健壮、无病虫害的一二年生老熟枝条做接穗。高接部位一般要求在 40～120 厘米范围，顶部采用切接，下部视情况隔 20 厘米左右进行单芽腹接。20 年生树每株接 70～80 枝，分 3～5 层接。这样高接后，树冠上下、内外均有枝条，树冠恢复快，能实现立体结果。嫁接后 20～30 天，检查嫁接芽成活与否，发现变黄发黑，立即重新补接。

---

* 颜丽菊（1964～ ），浙江省临海市特产技术推广总站高级农艺师，临海市水果首席农技专家，一直从事水果技术推广工作

2.2 轮换结果

橘树高接后，如果连年结果，养分消耗过多，易导致树势衰退。因此，在花蕾期要根据树势选择结果还是培养树体，对叶片黄、树势弱的树，将花蕾全部抹掉，不让其结果，经过一年的管理，使树体能够全面恢复树势，以便翌年更好地结果；对生长健壮的树，要使其当年结果。轮换结果的好处是树势不易衰退，而且结果树结果多，品质佳的中小型果（果径4.5～6.0厘米）比例提高，而树势弱又不进行轮换结果的树，不仅容易导致树势衰退，而且小年树因挂果过少造成粗皮大果，化渣性差，品质下降。

2.3 科学修剪

高接当年成活后，按生长季节适时进行除萌、破膜、解膜、摘心，以提高成活率，促进枝梢健壮生长，增加分枝级数，促使高接第二年能适时投产。高接第二年开始，根据树体生长情况采取不同的修剪方法：对树势弱的树，要抹除花蕾并剪去生长过弱的枝，其他枝梢尽量多保留；正常结果的树在春季萌芽前，以疏删为主，结合短截、回缩等修剪方法。剪除枯枝、病虫枝、位置不当的直立枝，疏删密生枝、每个基枝留1～3枝，强树去强留中庸，弱树去弱留强。培养分枝角度大的斜生枝或横向生长的侧枝，增加结果面积，提高优质果比例。开花前根据花量，带花蕾补剪，采后一般不修剪。对枯枝和病虫枝随见随剪。一次性修剪不可能剪好，平时对生长不好的枝条要及时剪除。

2.4 合理施肥

高接树结果前薄肥勤施，在每次抽梢前用复合肥或尿素等地面施肥，每次梢转绿前用磷酸二氢钾进行根外追肥1～2次，促进新梢老熟粗壮，8月中旬后停止施肥。成年结果树在春季2月下旬至3月上旬，株施复合肥0.4～0.5千克；山地橘树高接后，缺镁、缺硼症状比较普遍，在开花前树冠喷施0.2%硫酸镁+0.3%尿素液或喷0.2%磷酸二氢钾+0.2%硼砂+0.3%尿素液，改善缺镁、缺硼症；谢花2/3时喷绿芬威2号1000倍液或翠康生力液1000倍液；5月下旬至6月上旬幼果期，对挂果多、生长势弱的树株施复合肥0.5千克；在6月上旬幼果期喷富万钾等含钾叶面肥，隔10天左右再喷1次，连喷2～3次，提高果实品质；采后株施复合肥0.4～0.5千克，隔年株施腐熟鸡、鸭粪5～10千克；其他季节一般不施肥。

2.5 花期摇花

花期摇花是提高柑橘坐果率的一项重要措施，特别是雨水多的年份效果更好。如2010年在花期雨水多容易烂花而影响坐果的情况下，摇花将黏着在幼果上的花瓣摇落，减少树冠湿度，有利于通风透光，提高坐果率。花期晴天，摇花也有利于幼果多接受阳光，防病虫害药液也易喷到幼果上，提高坐果率及病虫害防治效果。

2.6 保花保果

遇到少花年份或花期天气异常（花期异常高温或长时间低温阴雨等），采取控梢保果和植物生长调节剂保果相结合，提高坐果率。控梢保果，是在春梢长2～3厘米时，抹除树冠顶部外围所有春梢营养枝，抹除树冠中上部长势过强的春梢营养枝和过强的有叶花枝，中下部春梢抹去1/3，抹除时间以能分辨花枝后越早越好，最迟在开花前1～2天突击完成。如花期遇异常天气时，应在控梢的同时，在花期喷赤霉素50毫克/千克。

2.7 病虫防治

根据病虫发生季节，结果树一般一年防治 6 ~ 7 次。第一次，萌芽前用绿颖 120 ~ 150 倍液全面清园；花谢 2/3 时，喷代森锰锌杀菌剂（大生或山德生）＋杀蚜剂（啶虫脒或吡虫啉等）；5 ~ 9 月一般在每月 20 日左右各喷 1 次药。杀菌剂选用代森锰锌类（如大生、蒙特生、喷克等）或苯醚甲环唑（显粹、世高等）或咪鲜胺等；杀螨剂选用螨危、炔螨特、苯丁锡、阿维菌素等，蚧类选用速扑杀、乐斯本或扑虱灵等；粉虱类、木虱、蚜虫、潜叶蛾等选用啶虫脒、吡虫啉等。药剂交替使用，以免产生抗药性。

二年丰产高效的橘树高接换种技术

卢志芳[1]　颜丽菊[2]*

(1. 浙江省临海市大田林特站，临海　317000；2. 临海市特产技术推广总站)

柑橘高接换种是改劣换优、迅速优化品种结构、提高种橘效益的一项重要措施，一般高接树需要一年嫁接，二年恢复树冠，三年至四年恢复正常产量。为达到一年嫁接、二年丰产优质高效的目的，笔者在柑橘主产区涌泉镇大岙村进行了高接换种试验，高接树坐落在朝东北的山脚坡地，接前为 20 年生晚熟温州蜜柑，500 株，树体中等，高接前管理较为粗放。2005 年春季将其全部高接为宫川温州蜜柑，经过精心管理，高接当年抽梢 5 次（但第 5 次所抽的晚秋梢全部抹除），橘树基本恢复，2006 年总产量达 15 吨多，产值 8 万元，产值是高接前的 5 倍多，取得了显著的经济效益。2007 年 3 月中旬跟踪调查，结果树平均冠径达 3.2 米 × 3.3 米，平均树高 2.5 米，树冠矮化紧凑而不直立，橘树强壮有力；未结果树平均冠径 3.3 米 × 3.4 米，平均树高 3 米，橘树强壮有力，预计 2007 年又是一个丰收年，现将其高接换种关键技术总结如下。

1　分层高接，增加高接头数

为使接后的树冠能尽快恢复，并使高接后的树形矮化开张，高接部位要求宜低不宜高，根据原有树形结构，采取分层高接，适当分散均匀。高接部位一般要求在 40 厘米以上至 120 厘米以下；接头数以适当多些为宜，20 年生树每株接 70 只以上，分 3 ~ 5 层接，这样高接后，树冠上下、内外均有枝条，树冠恢复快，达到立体结果。

2　一次性全面高接换头

一次性高接，接芽成活后，生长快，生长势强，树冠恢复快。而采用留"拔水枝"高接或两年轮换高接的方式，则接芽成活后，由于顶端优势的作用，根系吸收的水分和养分大多供给未嫁接枝梢的生长，而接芽生长受到抑制，新梢生长势弱，生长缓慢，所以采取后者高接方法，一般需要 2 ~ 3 年才能恢复树冠，3 ~ 4 年才能恢复产量。一次性全面高接换头的具体方法是：根据树体原有结构，按照自然开心形，把过多的枝条从基部锯掉，留下要接的枝条，在枝条离基部 15 ~ 20 厘米较平直光滑处全部锯断，后逐一进行嫁接，但在锯口下要留些小枝作为辅养枝，等接活后将辅养枝逐渐剪去，提高成活率。锯口要求错落均匀，不重叠。高接高度一般在 1.2 米以下，顶部采用切接，接口下部视情况隔 20 厘米左右进行单芽腹接。

---

　* 颜丽菊（1964 ~ 　），浙江省临海市特产技术推广总站高级农艺师，临海市水果首席农技专家，一直从事水果技术推广工作

3 嫁接方法

高接时期从惊蛰开始到 3 月中旬结束，遇到下雨天停止高接。接穗以采自品质优良、丰产稳产母树树冠中上部生长健壮、无病虫害的一二年生老熟枝条为好，嫩枝嫁接成活率低，而徒长枝嫁接的树虽然生长势强，但枝梢易徒长，结果推迟。接穗剪下后及时去除叶片，并做好保湿，接穗随采随接。嫁接方法：顶部用切接法，腹部用单芽腹接法。嫁接时切面、削面必须平整光滑；接穗和砧木两边形成层对准，靠紧，如接穗细，必须保证一边的形成层对准；接穗露白 2 毫米左右；嫁接口粗度在 3 厘米以上切 2 个切口，10 厘米以上的接 3~4 个切口；包扎时接穗与砧木要绑紧，砧木断面也要用薄膜全部包住，如断面大，接口多，先用薄膜条扎几圈把接穗固定，然后用另一块薄膜将整个接口盖住，然后逐个接穗用薄膜条缠过去，特别是接穗顶部要用薄膜裹住，或用薄膜袋将整个接口套住，以保湿、防燥、防雨水进入，提高成活率。

4 接后管理

4.1 补接要及时

嫁接后 20~30 天，检查嫁接芽成活与否，发现变黄发黑，立即重新补接。

4.2 除萌要合理

高接树往往因除萌不当，如在干旱年份将砧桩上抽生的萌蘖全部抹除，影响接芽的生长，甚至会导致接芽枯死，砧桩干枯。因此，在接芽萌动前将中间砧上所抽的萌蘖全部抹除。接芽开始萌芽后，接口附近 20 厘米左右的萌蘖全部抹除，而以下的萌蘖隔 15~20 厘米留一个弱枝，对过长的萌蘖必须留 3 叶摘心，以起到辅养和遮阳作用，其余全部抹除。等到 9 月接芽长到一定长度后才将萌蘖全部抹除，否则过早地全部抹除萌蘖易使砧桩失水干枯，影响接芽成活。

4.3 破膜、解膜、摘心要适时

接芽萌发时要及时用钻头将包扎薄膜挑一小洞，以利新梢抽发，在新梢长到 5 叶时摘心，以后抽发的新梢留 5 叶反复摘心，第五次抽发的晚秋梢及时抹除，促进枝梢老熟，促发分枝，增加分枝级数。松膜时间要视接口上下生长情况，如出现因缚扎而导致枝条凹陷时要及时松膜，以防影响生长。因此时砧穗伤口结合仍不牢固，松膜后需重新包扎，包扎物最好用布条或薄膜条，7~8 月台风来前，用小木棒固定新梢，可防接芽断裂。待 9 月台风过后或翌年春季伤口愈合良好后再解膜。

4.4 施肥要勤

这是抽好梢、抽壮梢的关键。高接成活后，对高接树进行多次施肥，并且薄肥勤施，即在每次抽梢前用挪威复合肥或尿素等地面施肥，全年追施共 4 次，最主要的是每次梢转绿前用磷酸二氢钾进行根外追肥 1~2 次，促进新梢老熟粗壮，8 月中旬到 10 月停止施肥，11 月后施基肥。

4.5 树干要保护

在夏季高温前，对裸露的枝干用遮阳网遮阳，或用折成 4 层的报纸或布条、稻草等包扎，或用白涂料剂刷白，以防晒防日灼。

4.6 加强病虫害防治，确保枝梢正常生长

4.7 接后第二年管理

对树冠还小的在花蕾期及时疏花，不让其结果。

对树冠已恢复的橘树，加强肥水管理及保果，使其保持健壮的树势。具体措施是对结果树在开花前树冠喷 0.2% 磷酸二氢钾加 0.2% 硼砂液，花谢 2/3 时喷绿芬威 2 号 1 000 倍液，幼果桂圆大小时喷富万钾 600 倍液，隔 7~10 天 1 次，连喷 3 次，提高果实品质。采后株施挪威复合肥 0.5 千克，同时，做好疮痂病、红蜘蛛、潜叶蛾等病虫害防治，确保树体、果实的健康生长。

爱多收、赤霉素对温州蜜柑坐果和品质影响

李学斌[1]* 黄贤华[2]

（1. 浙江省台州市椒江区农业林业局，台州 318000；2. 浙江省玉环县植保站）

植物生长调节剂爱多收在蔬菜上已广泛应用，对提高产量、改善品质都有较好的效果，但在柑橘上应用报道较少。笔者在温州蜜柑上用爱多收和赤霉素喷施进行比较，并用赤霉素涂果进行保果试验。现将试验结果简报如下。

1 试材与方法

1.1 试材

1.8%爱多收液剂，系日本旭化学工业株式会社生产；赤霉素粉剂，上海溶剂厂生产。

1.2 方法

选择立地条件，树冠大小和长势等基本一致的5年生早熟温州蜜柑树为试材。设赤霉素50毫克/千克，爱多收40毫克/千克及清水对照3个处理，单株小区，重复3次，随机排列。在温州蜜柑盛花后（5月7日）第一次喷药，隔10天再喷1次。赤霉素涂果试验在温州蜜柑谢花后10天、20天分别用200毫克/千克、300毫克/千克、400毫克/千克、500毫克/千克和清水（对照）涂幼果果柄1次，赤霉素涂果2个时期4种浓度及清水对照均在同一株选定的各个典型枝上进行涂果，重复3次，随机排列。处理前，分别记载各选定典型枝上的花量（喷施试验）和幼果数（涂果试验），到柑橘定果期后（7月27日）再调查各典型枝上的挂果数，计算坐果率、稳果比，在果实着色成熟期，观察各处理果实着色情况；果实采收后，每个处理分别随机选果20只，用手持测糖仪测定可溶性固形物含量，测量果皮厚度。

2 试验结果

2.1 喷爱多收等对温州蜜柑坐果率的影响

温州蜜柑喷爱多收、赤霉素，对提高坐果率均有一定的作用。树冠喷爱多收后，春梢嫩叶转绿加快。喷爱多收（40毫克/千克）、赤霉素（50毫克/千克）和清水对照的坐果率依次为13.3%、12.2%、9.5%，与对照相比，差异显著，但喷赤霉素的春梢嫩叶转绿较慢。

2.2 赤霉素涂果对温州蜜柑稳果的效果

用高浓度赤霉素液涂温州蜜柑幼果，稳果效果显著（表1）。

2.3 赤霉素、爱多收保果对温州蜜柑果实品质的影响

温州蜜柑用赤霉素保果，无论是喷还是涂果，果实品质均有所降低，尤其是用高浓度赤霉素液涂果，使柑橘果实果皮增厚，可食率下降。从不同处理时期来说，谢花后20天涂果

---

* 李学斌（1966~ ），男，浙江省台州市椒江区林业特产总站高级农艺师，椒江区首席农技专家，一直从事水果技术推广工作

对果实品质的影响又较谢花后 10 天明显。用低浓度赤霉素液喷树冠保果，对果实品质影响相对较小。喷爱多收保果，不仅提高坐果率，还能改善温州蜜柑果实品质，可溶性固形物含量、可食率也有所提高（表 2）。

表 1　赤霉素涂果对温州蜜柑稳果比影响

处理浓度（毫克/千克）	稳果比*（%）	处理浓度（毫克/千克）	稳果比*（%）
谢花后 10 天涂幼果		谢花后 20 天涂幼果	
200	32.9bc	200	49.3a**
300	36.7b	300	44.6a
400	51.0a**	400	50.5**
500	52.5a**	500	42.4a
清水对照	25.3c	清水对照	24.6b

注：*稳果比为坐果数与涂果数之比；**表示与对照相比较差异极显著

表 2　赤霉素爱多收保果对温州蜜柑果实品质的影响

处理	浓度（毫克/千克）	果皮色泽	果皮厚度（毫米）	可溶性固形物（%）	风味	可食率（%）
谢花后 10 天赤霉素涂果	200	黄绿色	2.5	9.2	酸甜较浓	81.1
	300	乳黄色	2.4	9.6	酸甜	80.5
	400	乳黄色	2.4	9.7	味较酸	79.8
	500	乳黄色	2.6	9.4	酸甜	79.4
谢花后 20 天赤霉素涂果	200	淡黄色	4.4	9.2	酸甜	82.0
	300	浴黄色	2.5	9.4	甜酸	81.3
	400	黄绿色	2.5	9.2	味较酸	81.3
	500	黄绿色	2.6	9.1	味酸	79.9
盛花后喷射	赤霉素 50	淡黄色	2.3	9.2	酸甜	82.2
	爱多收 40	黄橙色	2.2	9.8	甜酸	84.3
清水对照		黄色	2.2	9.2	较甜	82.2

　　据采前观察，用赤霉素保果，还会影响温州蜜柑果实的着色，尤其是用高浓度赤霉素液涂果影响更为明显，果实着色率比清水对照低 20%～30%，树冠喷低浓度赤霉素的果实着色比对照略有推迟，而喷爱多收的果实着色好，着色率比对照高 10% 左右。

3　讨论

3.1　爱多收对温州蜜柑的影响

　　爱多收用于温州蜜柑保果，对提高坐果率和改善品质都有一定的作用。经椒江区三甲橘区部分农户的大面积应用，也证实该药剂有较好的壮树保果效应。

3.2　赤霉素对温州蜜柑的影响

　　温州蜜柑用高浓度赤霉素液涂果，用药量少，具有优异的保果效果，不足之处是较为费工，操作不便，且使果皮粗厚，风味较酸，可食率降低。

7种保果剂对温州蜜柑坐果率的影响试验（简报）

李学斌[*]　陈林夏

（浙江省台州市椒江区农业林业局，台州　318000）

近几年来，市场上销售的柑橘保果剂种类很多，椒江区橘农使用后认为，这些保果剂对柑橘的保果效应不一致。为此，笔者对橘农从外地购进或市场销售的7种主要保果剂进行了柑橘保果试验（1989年度），观察各种保果剂对柑橘坐果的影响，为今后柑橘生产上大面积推广应用提供参考。

1　试材与方法

试验设在椒江区下陈镇明星村橘组。选择立地条件相同、树冠大小和长势基本一致的7年生早熟温州蜜柑作试材。设植物健生素（金邦一号，香港金邦发展有限公司生产）500倍液；复合保花保果剂（黄岩城关大丰化学厂生产）300倍液；高效稀土复合肥（浦江县化肥厂生产）200倍液；"九二〇"（上海溶剂厂生产）50毫克/千克；叶面宝（广东佛山化工产品技术开发公司）8 000倍液；"三合一"（三十烷醇0.2毫克/千克 + 0.3%磷酸二氢钾 + 0.2%尿素）、多元微肥（浙江绍兴微量元素肥料厂生产）500倍液；喷清水（对照）8个处理。每个处理1株橘树，重复3次，处理分3次进行，柑橘花谢2/3时（即5月6日）用单管喷雾器喷洒树冠，以后每隔10天再喷1次。药前对各处理树选择典型枝记载花量，药后40天、90天分别调查典型枝挂果数，并观察各处理树的长势和枝叶生长情况及对果实着色等影响。

2　试验结果

2.1　7种保果剂对柑橘生长的影响

试验结果表明：以喷洒复合保花保果剂和"三合一"的树势为最好，春梢粗壮，叶色转绿快，树体生长旺盛健壮。植物健生素、多元微肥、高效稀土复合肥等3个处理的树冠叶色深、长势好。喷叶面宝的树势与对照处理较一致，而喷"九二〇"的橘树，春梢枝叶生长粗大，但新叶转绿缓慢，比对照迟。

2.2　7种保果剂对柑橘坐果的影响

据8月6日对各处理的坐果率调查结果，植物健生素、复合保花保果剂、高效稀土复合肥、"九二〇"、叶面宝、"三合一"、多元微肥和清水对照的坐果率分别为：2.32%、3.19%、5.57%、1.13%、1.21%、2.38%、2.09%和1.19%；其平均单株产量分别为：16.5千克、20.7千克、21.3千克、18.1千克、15.9千克、18.0千克、17.4千克和15.8千

---

* 李学斌（1966~　），男，浙江省台州市椒江区林业特产总站高级农艺师，椒江区首席农技专家，一直从事水果技术推广工作

克,依次比对照增产 4.43%、31.01%、34.81%、14.56%、0.63%、13.92% 和 10.13%。由此可以看出,高效稀土复合肥、复合保花保果剂、"三合一"和多元微肥处理,与对照相比,对提高坐果率和增产方面都有明显的效果。"九二〇"处理显然对坐果率影响不明显,但采收时果形大,因此,仍有增产效应。

2.3　7 种保果剂对柑橘果实成熟着色的影响

据采前 3 次田间观察记载,喷洒多元微肥和高效稀土复合肥的,能使柑橘果实着色提早,着色率比对照高 15% ~25%。植物健生素、叶面宝、复合保花保果剂处理的着色率比对照高 5% ~15%。"三合一"对果实着色影响不明显。而"九二〇"处理的果实着色明显推迟,着色率比对照低 10% ~20%。

3　结论

综合本试验的初步结果,认为海涂温州蜜柑除适时应用"九二〇"保果外,还可采用高效稀土复合肥、复合保花保果剂和多元微肥保果。虽然植物健生素有一定的保果作用,但效果不及前述几种,且价格昂贵,橘农不易接受,难以在柑橘生产上推广施用。

增糖灵等对提高柑橘果实品质的试验初报

李学斌[*] 陈林夏

（浙江省台州市椒江区农业林业局，台州　318000）

柑橘是大宗水果，近几年来发展很快，产量在成倍增长，供求矛盾将趋于缓和。而对品质的要求将越来越高，果品质量的竞争将更趋激烈。所以，研究提高柑橘果实品质措施，是势在必行的。为此，笔者于 1987 年 8 月用河北石家庄农药厂生产的增糖灵和土法配置的增甜液在柑橘上进行试验。试验结果表明，增糖灵、增甜液对提高柑橘果实品质，增进果实风味，都有一定的效果。

1　材料与方法

选择海涂地种植的 11 年生早熟温州蜜柑（以宫川为主）为试材，分别在柑橘果实采收前 40 天、30 天、20 天叶果喷增糖灵，各处理时期又分别喷 600 毫克/千克、700 毫克/千克、800 毫克/千克 3 种浓度，增甜液在采前 30 天叶果喷射，喷增糖剂共 10 个处理，3 个对照喷清水。各处理以株为单位，重复 3 次。各处理隔 10 天重喷 1 次。果实采收前 2 周、1 周及采前记载果实着色情况。果实成熟后，各处理采摘样品果 20 只，鉴评分析。

2　结果与分析

2.1　增糖灵能促进柑橘果实着色，提早成熟

柑橘采前喷增糖灵的各个处理，果实着色明显提早，且以采前 40 天喷增糖灵的着色最好，着色率比对照提高 35% ～40%，可比对照提早成熟 7 天左右。各处理浓度间差异不大。其次是采前 30 天处理，着色率比对照提高 25% ～30%。采前 20 天处理，着色率提高最少，仅 5% ～15%。且采前 30 天、20 天喷 800 毫克/千克处理的着色比喷 600 毫克/千克、700 毫克/千克处理的要好。从各个处理看，以采前 40 天喷 600～800 毫克/千克处理对柑橘果实着色最明显（表 1）。

表 1　增糖灵对柑橘果实着色的影响

处理	果实着色率（%）		
	采前二周	采前一周	采前
采前 40 天喷 600 毫克/千克	30	50	80
采前 40 天喷 700 毫克/千克	39	50	80

* 李学斌（1966～　），男，浙江省台州市椒江区林业特产总站高级农艺师，椒江区首席农技专家，一直从事水果技术推广工作

（续表）

处理	果实着色率（%）		
	采前二周	采前一周	采前
采前 40 天喷 800 毫克/千克	20	40	75
对照喷清水	10	20	40
采前 30 天喷 600 毫克/千克	25	50	75
采前 30 天喷 700 毫克/千克	20	40	75
采前 30 天喷 800 毫克/千克	25	50	80
对照喷清水	15	25	50
采前 20 天喷 600 毫克/千克	15	45	60
采前 20 天喷 700 毫克/千克	20	40	60
采前 20 天喷 800 毫克/千克	15	40	70
对照喷清水	15	35	55

喷增糖灵的果实，着色鲜艳，呈橙红色。而对照果实色泽淡而橙黄。

2.2 喷增糖灵能增加果实内含物，提高果实品质

凡采前喷增糖灵的各个处理，果实可溶性固形物含量、全糖、维生素 C 等都有明显的提高，且各个不同的处理，提高的程度都不一致。

采前 40 天 800 毫克/千克增糖灵处理对丰富果实内含物、提高果实品质最为显著。优于 600 毫克/千克、700 毫克/千克两个处理。据化验分析，800 毫克/千克增糖灵处理，果实可溶性固形物含量为 12%（对照为 11.4%），全糖含量为 9.6%（对照为 8.4%），维生素 C 含量为 31.62 毫克/100 毫升（对照为 27.55 毫克/100 毫升），采前 40 天 600 毫克/千克、700 毫克/千克处理的果实各项品质指标比 800 毫克/千克处理的差些，但要比采前 30、20 天处理的好，而对降低酸度都没有明显反应。据考评分析，处理果的风味和化渣较对照好，果汁率与对照无明显差别。

采前 30 天处理的果实内含物几项主要指标都要比对照提高，且各种处理浓度差异不显著。处理果可溶性固形物含量比对照高 1.07%，全糖含量比对照高 0.4 克/毫升。维生素 C 含量略有提高，总酸含量却比对照低 0.06%，这与采前 40 天处理有差异。

采前 20 天处理，果实可溶性固形物含量、总酸、维生素 C 等都无明显变化，但对增糖有效果，平均比对照提高 0.4 克/毫升，且以喷 800 毫克/千克的效果为好。

表 2　各种不同处理对柑橘果实品质的影响

处理	可溶性固形物含量（%）	全糖含量（克/毫升）	总　酸（%）	维生素 C（毫克/100 毫升）	果汁率（%）
采前 40 天喷 600 毫克/千克增糖灵	11.6	9.2	0.78	28.5	70
采前 40 天喷 700 毫克/千克增糖灵	11.5	9.0	0.91	30.4	66
采前 40 天喷 800 毫克/千克增糖灵	12.0	9.6	0.84	31.62	61
对照喷清水	11.4	8.4	0.80	27.55	67

（续表）

处理	可溶性固形物含量（%）	全糖含量（克/毫升）	总酸（%）	维生素C（毫克/100毫升）	果汁率（%）
采前30天喷增甜液	12.0	9.0	0.94	27.9	72
采前30天喷600毫克/千克增糖灵	11.0	8.6	0.71	28.5	66
采前30天喷700毫克/千克增糖灵	11.0	9.6	0.69	27.9	67
采前30天喷800毫克/千克增糖灵	11.5	8.8	0.72	26.97	52
对照喷清水	10.1	8.6	0.77	25.11	67
采前20天喷600毫克/千克增糖灵	10.1	8.0	0.85	25.11	56
采前20天喷700毫克/千克增糖灵	10.0	7.6	0.53	24.7	75
采前20天喷800毫克/千克增糖灵	11.1	8.4	0.71	26.6	62
对照喷清水	10.9	7.6	0.86	26.6	68

增糖灵、增甜液对柑橘果实品质的影响见表2。

2.3 增甜液能提高果实品质，增进果实风味

在柑橘采前30天喷增甜液，对提高果实可溶性固形物、全糖、总酸含量及果汁率等均有明显的效果。据分析，喷增甜液的果实可溶性固形物含量最高达12%（对照为10%），全糖对比照高0.4克/毫升；总酸含量也比对照高0.17%，维生素C含量比对照高2.89毫克/毫升，果汁率比对照高5%，达72%。

喷增甜液对柑橘果实着色影响不大，但能改进果实风味。经考评，处理果实风味浓郁，甜酸适口，且易化渣。

3 结论与讨论

3.1 柑橘喷增糖灵的作用

能促进果实着色，提早成熟上市，在柑橘采前40天喷600～800毫克/千克增糖灵，隔10天再喷1次，能提早柑橘果实成熟7天左右。这对提早柑橘上市、丰富市场水果品种、增加经济收益等都有重要意义。

3.2 增糖灵

能提高果实内含物含量，增进果实风味，改善果实品质。在采前40天喷600～800毫克/千克的增糖灵，隔10天喷1次，连喷2次以上，能提高糖度0.6～1.2克/100毫升，增加维生素C 1～4毫克/100毫升，还能增进果实风味。

3.3 增甜液

配制方便，药剂来源容易，成本低廉，对提高柑橘果实内含物含量、增进风味等都有明显的效果。

增果乐对温州蜜柑坐果和果实品质影响试验初报

李学斌[*]

（浙江省台州市椒江区农业林业局，台州 318000）

1 材料与方法

1.1 供试药剂

为增果乐 2 号可湿性粉剂（浙江省科学院柑橘所和浙江省农科院微生物研究所联合研制提供）；1.5% 兴丰宝乳油（日本北兴化学工业株式会社产品）；"九二〇"（上海溶剂厂产品）。

1.2 试验方法

于 1995 年 5 月 21 日在椒江农场二分场的 8 年生中熟温州蜜柑园进行。设增果乐 2 号 3 000 倍液、兴丰宝 1 500 倍液、"九二〇" 50 毫克/千克及空白对照 4 个处理，每处理重复 3 次，随机排列。第一次喷药时间为花谢 2/3，隔半个月再各喷一次药。喷药前每处理树分别固定一个典型枝，调查花数，药后 2 个月记录各典型枝上的着果数，以计算各处理的保果效果；采果时取样分析果实品质。

2 试验结果

据 7 月 21 日的调查结果分析，增果乐 2 号、兴丰宝、九二〇 3 种保果剂对提高温州蜜柑的坐果率均有一定的效果，其坐果率分别为 5.42%、4.76% 和 3.88%。以增果乐 2 号的保果最为显著，其平均坐果率比空白对照的 3.02% 增加 79.47%，比兴丰宝坐果率 4.76% 增加 12.2%，比 "九二〇" 坐果率 3.88% 增加 28.4%。其次，兴丰宝也表现较好的保果效果，其坐果率比对照高 57.62%，比 "九二〇" 增加 18.5%。从果实品质分析看，增果乐略优，其次为兴丰宝和 "九二〇"。

3 小结

增果乐系一种新开发的保果剂，通过 1995 年的初步示范，证实对温州蜜柑的保果效应显著优于常用的 "九二〇"。该药剂对改善温州蜜柑的果实品质也有一定作用。建议在柑橘生产上扩大试验和示范应用。

---

* 李学斌（1966 ~ ），男，浙江省台州市椒江区林业特产总站高级农艺师，椒江区首席农技专家，一直从事水果技术推广工作

反光膜覆盖对海涂橘园果实品质的影响

李学斌[1*]　　王林云[1]　叶小富[2]

（1. 浙江省台州市椒江区农业林业局，台州　318000；2. 椒江区三甲街道农林站）

反光膜覆盖是椒江实施柑橘产业提升示范推广的一项重要工作，在山地柑橘园应用，对提高柑橘果实品质和增加效益十分明显。2011 年 10 月笔者在沿海橘区，对不同柑橘品种选用不同类型的反光膜进行地面覆盖试验，对促进柑橘果实着色和提高品质，同样发挥较好的效果，现将试验结果报告如下。

1　材料与方法

1.1　供试地点和柑橘品种

试验地点位于椒江农场二分场，供试树为 11 年生"少核本地早"和 12 年生"满头红"，反光膜覆盖试验区为海涂橘园，地势平坦开阔。

1.2　供试反光膜

为江苏米可多农膜发展有限公司生产的银黑和黑白两种反光膜。

1.3　覆膜时间

在柑橘果实膨大后期，即 2011 年 10 月 5 日。

1.4　覆膜方法

试验共设 8 个处理，即本地早砧"少核本地早"、构头橙砧"少核本地早"、构头橙砧"满头红"分别选用银黑和黑白两种反光膜进行全园树盘覆盖，不同处理均设不覆膜为对照，每处理橘树 10 株，重复 3 次。覆膜 50 天后各处理随机选果 30 只进行果实品质测评。

2　结果与分析

2.1　反光膜覆盖对不同柑橘品种果实着色的影响

"少核本地早"树盘铺设反光膜对促进果实着色有明显作用，着色率可提高 10% ～ 15%，但对促进"满头红"果实的着色无明显作用，可能与"满头红"本身色泽红艳，肉眼不易观察有关。同时，两种不同类型的反光膜对促进果实着色无明显差异（下表）。

2.2　反光膜覆盖对不同柑橘品种果实品质的影响

柑橘果实膨大后期进行树盘反光膜覆盖，对提高柑橘果实的可溶性固形物含量有重要作用。同为本地早砧的"少核本地早"覆盖银黑和黑色反光膜的可溶性固形物分别为 11.35%、11.50%，比不覆膜的分别高 1.15% 和 1.3%，而构头橙砧"少核本地早"的覆盖银黑和黑白反光膜的可溶性固形物分别为 10.15% 和 11.34%，比不覆盖分别高 0.17% 和

---

* 李学斌（1966～　），男，浙江省台州市椒江区林业特产总站高级农艺师，椒江区首席农技专家，一直从事水果技术推广工作

1.36%，构头橙砧"满头红"覆盖黑白反光膜的可溶性固形物含量为13.5%，比不覆盖的高1.9%，表现十分理想的增糖效果（下表）。

表　反光膜覆盖对不同柑橘品种（砧木）果实品质的影响

品种	砧木	反光膜种类	果实色泽	单果重（g）	果皮厚度（cm）	可溶性固形物（%）	可食率（%）	风味评价
少核本地早	本地早	银黑	橙黄色	78.47	0.25	11.35	76.0	甜酸适中、糯口
少核本地早	本地早	黑白	橙黄色	66.80	0.24	11.50	73.5	甜酸适中、糯口
少核本地早	本地早	不覆膜	淡黄色	70.13	0.26	10.20	73.0	酸甜、糯口
少核本地早	构头橙	黑白	浅橙黄色	72.60	0.23	10.15	74.0	酸甜适口、化渣
少核本地早	构头橙	银黑	浅橙黄色	75.40	0.23	11.34	76.8	甜酸适口、化渣
少核本地早	构头橙	不覆膜	淡黄色	80.90	0.29	9.98	73.2	微酸、化渣
满头红	构头橙	黑白	朱红色	83.00	0.23	13.50	76.0	甜中带酸、肉质细嫩
满头红	构头橙	不覆膜	朱红色	79.70	0.19	11.60	78.9	酸甜适口、肉质细嫩

2.3　两种不同的反光膜覆盖对柑橘果实品质的影响

选用银黑和黑白两种反光膜进行树盘覆盖，对促进柑橘果实着色和提高果实品质，田间观察，黑白反光膜优于银黑，但室内调查和品质鉴评，发现两种反光膜对柑橘果实品质影响无明显差异。

3　小结与讨论

"少核本地早"、"满头红"等柑橘品种在果实膨大后期园内铺设反光膜，对促进果实着色、提高果实品质、增加糖度均有重要作用，尤其柑橘果实着色成熟期遇多雨水年份，对柑橘果实品质影响更为明显。

银黑和黑白两种反光膜，在"少核本地早"和"满头红"等柑橘品种上应用，对增进柑橘果实品质效果相近，建议采摘观光园选用黑白反光膜，一般园块选用银黑反光膜。

两种不同砧木的"少核本地早"园分别进行反光膜覆盖，均有较好的效果，但以本地早砧木的"少核本地早"提高品质、改善风味更为明显，构头橙砧木的"少核本地早"略差。

沿海橘区应用反光膜覆盖，对柑橘果实增色、增甜作用明显，但对果实单果重等其他指标的影响尚待进一步试验。

反光膜覆盖投入省、操作简便，对沿海柑橘增进品质、提升效益、增强市场竞争力、促进销售作用明显，建议沿海橘区加快推广应用。

临海无核蜜橘周年栽培管理历

颜丽菊* 邵宝富

（浙江省临海市特产技术推广总站，临海 317000）

临海市地处浙江中部沿海，是"中国无核蜜橘之乡"。由于悠久的栽培历史，独特的自然环境条件，以及先进的科学栽培技术，生产的临海蜜橘果形端庄，色泽艳丽，果皮细薄，肉质脆嫩，汁多化渣，风味浓郁，品质极佳，因而深受消费者青睐。近年来，连续 10 多次在省部级评比中夺魁。目前，临海市柑橘种植面积在 1.12 万公顷，其中，无核蜜橘占97.9%，栽植遍及全市 19 个镇（街道），形成东起沿海平原，沿江两岸至西部山区闻名遐迩的"百里橘带"，年产 20 多万吨，产值约 4 亿元，如岩头鱼橘场 2.67 公顷橘园，2003年、2004 年年产量分别为 61 吨、75 吨，产值分别为 116 万元、150 万元，其中，优质果售价高达 50~60 元/千克，创下"全国蜜橘第一贵"，成为全国无核蜜橘优质高效生产的典范。现将临海无核蜜橘周年栽培管理历介绍如下表。

表 临海无核蜜橘周年栽培管理历

时期	作业项目	操作内容及要求
2月中旬至3月上旬	修剪	对于高大郁蔽的橘树，剪去中心直立枝，回缩 1~2 个直立大枝，内膛光秃枝留 5~10 厘米短截，剪除密生枝、交叉枝、病虫枝、枯枝
	清洁橘园	清除地面枯枝落叶，集中烧毁，减少越冬病虫
	春季清园	萌芽前选用石硫合剂 0.8~1 波美度或 95% 机油乳剂 100~150 倍液或松碱合剂 8~10 倍液全面喷树冠，要求喷药量充足，均匀周到
3月中旬至4月上旬	看树施芽前肥	上年结果多，冬肥不足，树势偏弱，株施三元复合肥 0.25~0.3 千克，加尿素 0.05~0.1 千克，树势强的树可少施或不施
	种植绿肥	选播适栽、易中、产量高、养分丰富的夏季绿肥，如印度豆、大绿豆、花生等
	橘园除草	选用 20% 百草枯水剂 200~300 毫升/亩或 10% 草甘膦水剂 750~1 000毫升/亩喷雾地面杂草
	防治疮痂病，兼治红蜘蛛	上年秋叶疮痂病发病率 5% 以上的橘园，在春芽长 0.2~0.5 厘米时选用0.5%~0.8% 等量式波尔多液或 65% 代森锰锌 600~800 倍液或 77% 冠菌铜可湿性粉剂 600 倍液，防治红蜘蛛，选用速螨酮系列 1 500~2 000倍液或 25% 三唑锡 2 000~2 500倍液等防治
	防治花蕾蛆	上年花蕾蛆危害率达 6% 以上的橘园，在花蕾露白（绿豆大小）时，亩用3% 地下伏手 3 千克或 50% 辛硫磷 150~200 克，拌细土撒施，或成虫出土前覆盖地膜

---

* 颜丽菊（1964~ ），浙江省临海市特产技术推广总站高级农艺师，临海市水果首席农技专家，一直从事水果技术推广工作

（续表）

时期	作业项目	操作内容及要求
4月中旬至5月中旬	控梢保果	对少花或中花旺长树抹除树冠外部所有春梢，中下部春梢抹去1/3～2/3，留下的春梢留3～4叶摘心，抹梢时间在能分辨花枝后越早越好，最迟在开花前1～2天突击完成
	营养保果	根据树势选择保果剂喷1～2次，山地橘园在花蕾期或开花期加喷0.2%硼砂1～2次
	防治疮痂病，兼治木虱、蚜虫、红蜘蛛	花谢2/3时，选喷75%百菌清或70%甲基托布津或80%大生600～800倍液，有蚜虫、木虱的加喷10%吡虫啉2 000倍液或2.5%氯氰菊酯1 500～2 500倍液，有红蜘蛛的加15%哒嗪酮乳油2 000倍液等
5月下旬至6月中旬	抹除夏梢	夏梢抽出后，基部留1～2叶摘心
	橘园除草	6月上中旬选用20%百草枯或10%草甘膦水剂将地面全面除草1次。施药量同上
	开沟排水	地势低洼的园地，雨季前要疏通排水沟，以利排水防涝
	防治蚧虱类，兼治疮痂病、黑点病、螨类木虱、卷叶蛾	当黑刺粉虱5%叶片或果实有若虫，黄褐园蚧10%叶片或幼果有若虫，矢尖蚧若虫3～4头/梢时，喷99.1%机油乳剂（绿颖或敌死虫）150～200倍液或40%速扑杀1 000倍液或40%杀扑磷800倍液加25%噻嗪酮（扑虱灵）1 500倍液加80%大生600～800倍液等液进行防治，有红蜘蛛的加喷50%苯丁锡2 500～3 000倍液或73%克螨特2 000～3 000倍液等
6月下旬至7月中旬	夏季修剪	①继续抹除夏梢，于7月20日左右剪除所有夏梢，统一放出秋梢 ②春季实施大枝修剪的橘树，加强新梢管护，注意内膛枝培养 ③剪除病虫枝、扰乱枝、密生枝、朝天果、特大(小)果、病虫果、畸形果、裂果
	施壮果、逼梢肥	6月底前株施三元复合肥0.5～0.8千克，加硫酸钾0.2～0.25千克
	抗旱、压绿	干旱时橘园浇（灌）水，6月底翻压绿肥或割草，生物覆盖
	防治锈螨、兼治蚧虱类、黑点病、炭疽病	锈螨虱每视野2～3头（10倍放大镜）、蚧虱类5%～10%幼果有若虫，炭疽病梢、叶、果发病率5%，黑点病上年病重园应加强防治，药剂同5月下旬至6月上旬
8月上旬至8月下旬	捕杀、毒杀天牛	见虫即治
	橘园控水	可采用地膜覆盖或树冠避雨
	橘园除草	8月下旬橘园全面除草1次，药剂同上
	根外追肥	叶面喷含钙、磷等叶面肥，隔7～10天喷1次，连喷1～2次
	防治潜叶蛾、兼治炭疽病	50%嫩梢有若虫时选用2%阿维菌素3 000倍液或灭蝇胺3 000～4 000倍液，加80%大生或75%锰杀生600～800倍液等防治
9月上旬至10月下旬	橘园继续控水	方法同上
	控制晚秋梢	9月中旬以后抽发的晚秋梢全部抹除
	防治螨类、蚧类、夜蛾	锈壁虱等螨类达到防治指标时，选用苯丁锡、三唑锡等 1%果实有夜蛾为害时，用杀虫灯诱杀或选用5.7%天皇百树或20%甲氰菊酯乳油2 000倍液防治，用药注意采收安全间隔期
采果后	施采果肥	株施三元复合肥0.5～0.6千克，尿素0.15～0.2千克，磷肥0.5～0.75千克，加腐熟饼肥1.5～2千克，采果后及时施下
	采后修剪	剪除病虫枝、枯枝，集中烧毁
	冬季清园	选用0.8～1波美度石硫合剂或50%清园宝粉剂800倍液等，采后即喷药

东魁杨梅栽培的几项改正技术

李学斌[1]*　　陈赛红[2]

（1. 浙江省台州市椒江区农业林业局，台州　318000；2. 浙江省玉环县林业特产局）

东魁杨梅是浙江杨梅的四大良种之一，因其个大，质优，售价高，成为台州近十年来杨梅发展面积最多的品种，2010 年台州市东魁杨梅种植总面积达 39.8 万亩，占杨梅栽培总面积的 75%，但由于东魁杨梅栽培管理技术要求较为精细，易受灾害性天气影响，产量低，效益不稳，成为东魁杨梅产业发展的主要障碍。根据笔者多年来的生产调查和示范实践，提出东魁杨梅早结丰产栽培的几项改正技术措施，供各地参考。

1　改小坑定植为大穴大肥栽培

杨梅传统种植方式，一般挖个小坑，放些磷肥，然后覆土踏实再盖草保湿，这种方式种植成活率高，但生长十分缓慢，7~8 年后才能进入结果。现改为大穴大肥栽培，即年前挖直径 1 米、深 0.5~0.6 米的定植穴，年后施足腐熟有机肥料，如猪牛栏肥等，一般株施 40~50 千克和周围黄泥土拌匀，放入定植穴，杨梅苗定植时，根际附近撒施细泥土和钙镁磷肥的混合物，苗木放正后，再覆土压实。同时，为提高杨梅苗的种植成活率和促进生长，还必须注意三点：一是要深植，将杨梅苗的嫁接口埋入土中；二是浇施壮苗促根剂营养液；三是土面覆草或盖地膜保湿。实施大穴大肥栽培，可使东魁杨梅提早 2~3 年结果。

2　改单施草木灰为多种肥料配施

杨梅具有菌根，传统管理相对比较简单，一般在花前、摘后二次施上草木灰或焦泥灰就可以了。而现在的东魁杨梅栽培，对管理要求较为精细，需肥量也较大，仅施草木灰不能满足其生长结果需要，再加上现在草木灰和焦泥灰肥源十分有限，花后和果实膨大期施肥改用硫酸钾替代，对促进东魁杨梅的生长结果和提高果实品质十分明显。结果树施肥，一般年施肥三次，即春肥、果实膨大肥和采后肥。春肥主要是促花和增强树势，一般株施硫酸钾 0.5~0.8 千克，可根据树势酌情配施尿素；果实膨大肥，以促果膨大和提高品质为目的，一般株施硫酸钾 0.5~1 千克；果实采后肥主要是促树势恢复和夏梢生长，一般株施硫酸钾 0.8~1.2 千克或进口复合肥 0.5~1 千克，加腐熟猪牛栏肥 20~30 千克或腐熟饼肥 3~5 千克。而幼年树的施肥，一般在各次新梢生长前选用三元复合肥或尿素交替施用，冬季可结合深翻改土配施适量腐熟饼肥，在东魁杨梅投产结果前一年，控梢促花，必须控氮增磷补钾，控制生长，促进成花结果。

3　改单一土施为地面土施结合树冠喷施

杨梅施肥一般以地面施肥为主，年施 2 次左右。由于近几年东魁杨梅销售形势好，销售

---

　　* 李学斌（1966~　　），男，浙江省台州市椒江区林业特产总站高级农艺师，椒江区首席农技专家，一直从事水果技术推广工作

价格高，广大果农生产积极性高，为实现东魁杨梅的优质丰产栽培，除做好地面追肥外，还要结合病虫防治进行根外追肥，及时补充各个时期东魁杨梅对营养的需求，如花芽发育期补磷，促花芽饱满；花期补硼加磷酸二氢钾，促进授粉和坐果；幼果膨大期补钾，促果实膨大和提高品质；果实着色期补钙，提高果实硬度和贮运性；同时，在花后、果实膨大期和着色前分别喷施绿美 UA-102 液肥等有机腐殖酸类营养液，对促进果实发育、提高品质和促进果实着色有重要的作用。

4 改自然圆头形修剪为自然开心形树冠

东魁杨梅自然生长多呈圆头形，树冠高大，进入结果期迟、产量不稳、操作不便。通过大枝修剪，剪除直立性大枝，培育开心形树冠，一般配置 3 ~ 4 个主枝，每主枝上配置 3 ~ 4 个副支枝，在主枝、副主枝上再配置侧枝和结果枝群，使东魁杨梅树冠凸凹有致，内外通风透光，枝组配置均匀合理，树冠高度控制在 2.5 ~ 3 米，对实现提早结果、有利疏果和病虫防治等日常操作管理，促进东魁杨梅果实品质提高和实施高效益栽培有重要作用。

5 改生长调节剂调控生长结果为叶面施肥与生长调节剂交替使用

由于东魁杨梅生产效益好，投资回报高，部分果农为实现生产效益最大化、操作简便化，以追求果大色艳为目标，把激素的应用作为一项主要措施，如利用赤霉素和芸苔素保果、吡效隆和细胞分裂素促果膨大、2,4-D 防采前落果、乙烯利催熟、多效唑控梢保果等，尤其多效唑在东魁杨梅控梢促花、提早结果方面发挥重要作用，但多种激素的连续多次使用，尤其是吡效隆的应用，不仅降低东魁杨梅果实品质，还危及杨梅的安全生产。改生长调节剂调控为叶面施肥与生长调节剂交替使用，示范推广含 N、P、K、B、Mg、Ca、Mo 等单一或多种元素的营养叶面肥和绿美 UA-102 液肥等有机腐殖酸类营养液，严格控制生长调节剂在东魁杨梅生产上的使用。

6 改病虫害化学防治为多种防治措施并举

为害东魁杨梅的主要病虫害有褐斑病、果蝇、白腐病、卷叶蛾、蚧壳虫等，一般都选用化学农药进行防治，尤其杨梅果蝇的为害，主要发生为害在果实成熟期，幼虫蛀食果肉，易引发烂果和落果，不仅影响杨梅的产量和品质，还危及消费者的食用安全。如使用化学农药防治，防治早，效果差，防治太晚，杨梅果实接近成熟采收，无法用化学农药防治。近几年来，通过各地的示范试验和生产实践，根据杨梅果蝇虫体小、繁殖力强、生活周期短、发生代次多、世代重叠和防治难等特点，采取以下措施有较好效果：一是园内安装杀虫灯，诱杀果蝇等多种害虫；二是糖醋诱杀，可随地取材，利用废矿泉水瓶或可乐瓶，在瓶中上部的两侧开一长方形孔，底部放上自配的糖醋液或苹果醋加敌百虫，顶盖穿上铁丝，挂于树冠中间，每株放一瓶，效果不错；三是药剂防治，常规选用阿维菌素、敌敌畏或灭蝇胺（潜蝇灵）等药剂，限于地面防治或早期树冠喷药。为确保杨梅生产和食用安全，对树冠防治用药，可选用2.5% 菜喜（多杀菌素）悬浮剂 1 000 倍液进行防治，菜喜是从放线菌代谢物提纯出来的生物源抗生素杀虫剂，毒性极低，杀虫速度快，喷药后一天见效，用于果蝇防治，既安全，又有效果，各地可示范应用。

东魁杨梅早丰优质栽培技术

颜丽菊*　邵宝富

（浙江省临海市特产技术推广总站，临海　317000）

近年来，东魁杨梅以价高畅销深受山区农民喜爱，种植面积迅速扩大，已成为山区农民致富的一条重要门路。但因管理、效益不平衡，导致种植后进入结果期较晚，大小年现象严重，病虫害增加，品质下降，严重影响果农经济收入。如何种好东魁杨梅，使其丰产优质高效，是广大果农普遍关心的问题。

1　科学定植

定植前挖好定植穴，每穴施入适量腐熟有机肥或磷肥，在栽种苗木时，苗靠内壁，扶正苗木，须根向四周展开，然后覆土至嫁接口处，踩实、浇水，再盖松土，深度以第一个分枝点或第一片基叶埋入土中为宜，并在根旁盖草皮泥或在定植苗根际安放大石块，以增加根际湿度，提高苗木成活率。

2　加强肥培管理

幼龄时期施肥的目的是猛促春、夏梢，争取早秋梢，扩大树冠。肥料以氮肥为主，每次抽梢前 10 ~ 15 天追肥 1 次，每株施稀薄人粪尿 2 ~ 3 千克或尿素 0.05 ~ 0.1 千克，加水施入。秋季施足腐熟有机肥，结合深翻改土，逐年扩穴，改善新根生长环境。夏季做好树盘覆盖，使幼树安全过夏。

初投产树由于生长旺盛、坐果率低，施肥时要减少氮肥的用量，增加钾肥如草木灰或硫酸钾等用量，适量施用硼肥。结果树要控制磷肥施用，以免品质下降。一般初投产树于采果后，株施草木灰 5 ~ 10 千克或硫酸钾 0.5 ~ 0.75 千克，加硼砂 0.05 千克。

成年丰产树一般每年施肥 1 ~ 2 次，施肥量视树体及结果量大小确定。如株产 50 千克，第一次在早春看树施肥，施速效性肥料，以满足开花、坐果需要，树势强旺的可不施肥。第二次于采果后，株施硫酸钾（或氯化钾）2 ~ 2.5 千克或草木灰 10 ~ 15 千克，尿素 0.5 千克，以促发夏梢，为来年丰产打下基础。

3　整形修剪

以自然开心形为宜。种植后，主干留 25 ~ 30 厘米短截，然后选留 3 ~ 4 个生长强壮、分布均匀的枝条作主枝。通过短截、疏删、抹芽和摘心等措施，培养合理树形。初步形成树冠后，5 ~ 8 月生长季节，采取拉大枝条角度，使其主枝开张角度达到 60° ~ 70°，利用删疏强

---

* 颜丽菊（1964~　），浙江省临海市特产技术推广总站高级农艺师，临海市水果首席农技专家，一直从事水果技术推广工作

枝和倒贴皮等措施，克服树冠上强下弱的弊端，缓和树势，提高坐果率。

4　喷施多效唑

东魁杨梅初投产期，生长旺盛，梢果矛盾突出，往往出现少花或开花多而结果少，喷施多效唑（PP333）能有效控制枝梢生长，对促进花芽分化，提高坐果率效果明显，且果实明显增大，叶质厚，树体强壮，病虫害减轻。叶面喷施 15% 多效唑 250~300 倍液，喷施时间以 6 月下旬至 7 月中旬夏梢嫩期或 8 月中旬至 9 月中旬秋梢嫩期为宜，但幼树、弱树和正常投产树不宜使用多效唑。

5　疏花疏果

疏花有两种：一种是结合修剪，剪去过高、过密的直立枝以及细弱花枝，可以直接减少花量；第二种是药剂疏花，即对多花大年杨梅树（叶花序比在 1.5 以下），可在盛花后期喷"疏 6"疏花剂，每包对水 15 千克。应选晴天或阴天喷施，以喷湿叶片但不滴水为度。为避免疏花过重，可采取适度漏喷。人工疏果可分 2~3 次进行，果实花生仁大小时开始，主要疏去密生果、小果和劣果，到幼果膨大前期完成，过迟效果不明显。留果量一般短果枝每枝留一个，中长果枝留 2~3 个。此外，疏果后，每隔 7 天喷多元素液肥或磷酸二氢钾 2~3 次。

6　病虫防治

杨梅褐斑病一般每年防治 3 次，即 4 月底至 5 月上旬、5 月下旬、6 月底至 7 月上旬，药剂可用 70% 甲基托布津 1 000 倍液或多菌灵 800 倍液。杨梅肉葱病可在开花末期喷 70% 甲基托布津 800~1 000 倍液或 50% 多菌灵 800 倍液，同时，在 4 月下旬至 5 月上旬杨梅硬核前喷九二〇 20 毫克/千克，对此病有减轻作用。介壳虫防治时期第一代主要抓住 5 月底至 6 月上旬，未结果的幼年树若虫孵化期，结果树在杨梅采后进行，药剂可用 40% 毒死蜱 1 000 倍液加扑虱灵 1 500 倍液或 25% 速扑杀 1 500 倍液。杨梅卷叶蛾可于幼虫期喷 80% 敌敌畏 1 000 倍液、20% 杀灭菊酯 4 000 倍液等。

7　避雨栽培

东魁杨梅成熟时正值"梅雨"季节，雨水过多易产生果实腐烂或病虫为害，因此，可采用避雨栽培，减轻采前落果。选用透明塑料薄膜覆盖树冠顶部，覆盖时间一般在杨梅转色时或采前 10 天，覆盖物一般离树冠顶部不少于 0.5 米，以免灼伤果实，覆盖面视树冠大小而定，以果实避开雨淋为准，采果后立即将覆盖物除去。

东魁杨梅人工疏果试验

颜丽菊[1]* 邵宝富[1] 金国强[1] 王天平[2]

(1. 浙江省临海市林业特产局, 临海 317000; 2. 浙江省临海市白水洋镇林业特产站)

东魁杨梅普遍存在大小年结果现象, 大年因结果太多而果小, 味酸, 品质下降, 劣质果率高, 造成增产不增收; 小年因产量太少, 也影响果农收入。为了改善杨梅大小年结果现象, 提高品质和经济效益, 笔者于 1999 ~ 2001 年对东魁杨梅进行了人工疏果试验, 取得了较好的效果。

1 材料与方法

1.1 试材

试验在临海市白水洋镇上游村千亩东魁杨梅基地内进行, 试材为 17 年生东魁杨梅, 栽植密度 4.5 米 × 5 米, 树势生长基本一致。试验设疏果与对照等两个处理, 每处理 3 株树, 3 次重复, 其他栽培管理措施按常规进行。

1.2 方法

疏果时间第一次在 4 月 25 日果实有花生仁大小时。第二次在 5 月 10 日果实有拇指甲大小时进行。第一次疏果时每枝留 2 个果, 第二次疏果时, 短果枝 (5 厘米以下) 留 1 个果, 中果枝 (5 ~ 15 厘米) 留 1 ~ 2 个果, 长果枝 (15 厘米以上) 留 2 个果, 具体还要视树势及树体挂果情况而定。疏果时先疏去病虫果、畸形果、小果和密生果。定果时, 如挂果还多时, 则疏去质量较次的果。每当杨梅成熟时采收, 随机采样品果, 分析果实品质并测产。

2 结果与分析

东魁杨梅通过人工疏果, 调节结果数量, 使之与树体负载能力相适应, 能有效地缩小大小年之间差距, 产量和品质明显提高, 达到优质稳产高效的目的。从下表可以看出, 人工疏果后产量稳定、丰产, 1999 年、2000 年和 2001 年 3 年株产分别为 50.3 千克、57 千克和 76 千克, 而对照产量相差悬殊, 3 年株产分别为 113 千克、17.5 千克和 162 千克, 虽然 3 年平均株产疏果比对照少了 36.4 千克, 但疏果后由于果实增大、品质好、优质果率高, 株产值明显高于对照。疏果后 1999 年、2000 年和 2001 年及 3 年平均单果重分别为 23.6 克、24.9 克、24.5 克和 24.3 克, 分别比对照增加 32.6%、2.9%、48.5% 和 24.8%; 可溶性固形物含量分别比对照提高 1.7、1.1、2.2 和 1.7 个百分点; 1999 年和 2001 年及 3 年平均优质果率分别比对照提高 81.1、59 和 69.7 个百分点。2000 年系杨梅生产小年, 结果量少, 优质果率疏果比对照降低 4.5 个百分点。疏果后, 1999 年、2000

---

* 颜丽菊 (1964 ~), 浙江省临海市特产技术推广总站高级农艺师, 临海市水果首席农技专家, 一直从事水果技术推广工作

年和 2001 年及 3 年平均株产值分别为 538.5 元、782 元、568 元和 629.5 元，分别比对照增收 455.5 元、520 元、514 元和 496.5 元，产值增幅分别为 548.8%、198.5%、951.9% 和 373.3%（下表）。

表 1999~2001 年人工疏果对杨梅品质及产量的影响

年份	处理	株产（kg）	单果重（g）	成熟期（月·日）	可溶性固形物（%）	优质果率（%）	株产值（元）
1999	疏果	50.3	23.6	6.23	12.1	87	538.5
	对照	113	17.8	6.26	10.4	5.9	83
2000	疏果	57	24.9	6.22	12.3	90.5	782
	对照	17.5	24.2	6.24	11.2	95	262
2001	疏果	76	24.5	6.17	11.3	59	586
	对照	162	16.5	6.2	9.1	0	54
三年平均	疏果	61.1	24.3	11.9		76.5	629.5
	对照	97.5	19.5	10.2		6.8	133

注：1999 年对照树因挂果过多大部分不能转红成熟；2001 年采收期遇连续下雨，对照树果实腐烂脱落

3　小结

人工疏果能够减轻杨梅结果大小年，提高产量和品质，成熟期提早 2~3 天，经济效益显著。且以大年树、成熟期气候不良的情况下提高品质和增加效益最显著，如 1999 和 2001 年株产值分别比对照增加 5.5 倍和 9.5 倍。

杨梅人工疏果要与配方施肥、合理修剪、病虫优化防治等措施相配套，才能发挥更大的经济效益。

人工疏果技术容易被果农掌握和接受，效果较好且稳定，但人工疏果较为费工，在劳动力紧张，杨梅栽种面积大的情况下，实施起来较为困难。因此，如何将人工疏果与化学疏花相结合，节省成本，提高效率，还有待今后进一步探索。

杨梅地膜覆盖技术试验示范总结

颜丽菊[1]* 罗冬芳[1] 朱建军[2]

（1. 浙江省临海市特产技术推广总站，临海 317000；2. 浙江省临海市白水洋镇林特站）

摘要：不同时间对杨梅园采用不同地膜覆盖处理，调查杨梅物候期、产量、品质、效益的变化及果蝇发生情况。结果表明，覆盖白黑反光膜，可显著提高杨梅产量、品质和效益，覆盖地膜后果蝇发生量减少，可在生产上推广。杨梅园覆盖地膜以树冠郁蔽度85%以下，3月以后为宜，过早覆盖反光膜可能会推迟成熟。

关键词：杨梅；地膜覆盖；试验示范

1 材料与方法

1.1 试验材料

灰黑反光膜和白黑反光膜采购自江苏省米可多农膜有限公司，普通无色透明地膜购自临海市生产资料站。

1.2 试验地点

试验于2009年在浙江省临海市进行，在白水洋镇上游村千亩优质高效杨梅示范区与涌泉镇西岙口橘场的杨梅园内，选择立地条件相同、树体生长相对一致的杨梅园为试点。上游村试验点选择在水库边，坡度较陡，管理水平较高，树体通风透光，树龄为13~25年生盛产期东魁杨梅，供试面积1公顷；西岙口地势平坦，试验区独立，杨梅管理水平一般，树冠郁蔽度较高，品种分别为20年生盛产期的东魁和13年生盛产期的临海早大梅，供试面积0.67公顷。

1.3 试验方法

在西岙口于2009年1月5~7日，在上游村于2009年3月30日（终花期）用白黑反光膜、灰黑反光膜、普通无色透明地膜覆盖，以覆盖到树冠滴水线外为止，部分株间留有空隙，以不盖膜作对照，其他管理相同。每试验点每个处理分别选择3株树龄相同，树势、花芽量、立地条件基本一致的杨梅为1小区，3次重复，随机排列。调查记载，物候期由试验点农户记录，产量、收入以农户实际采收记录为准，测定单果重和可溶性固形物含量。西岙口由于农户等原因，调查记录未能顺利开展。

2009年6月24日，在杨梅采收期调查果蝇发生情况，分别选择处理与对照各3株树，在每株中部东、西、南、北、中5个方位各摘果实1个，每处理共15个，放于淡盐水中浸泡2小时后，检查果蝇幼虫数。

---

* 颜丽菊（1964~ ），浙江省临海市特产技术推广总站高级农艺师，临海市水果首席农技专家，一直从事水果技术推广工作

2 结果与分析

2.1 对物候期和果实品质的影响

试验结果看出，不同时间、不同覆盖物处理与对照的物候期如开花、春梢抽发、果实膨大等均无明显差别，反光膜覆盖的果实成熟期比对照推迟 1~2 天。上游村王国荣的东魁杨梅反光膜覆盖的 6 月 13 日成熟，对照 6 月 12 日成熟。在西岙口的东魁、早大梅，覆盖反光膜的成熟期比对照推迟 1~2 天。这可能是由于反光膜面向地面的是黑色，面向植株的是白色或银灰色反光，致使夏季地面温度比对照低，成熟期推迟。覆盖地膜的果实可溶性固形物含量都有提高，尤其白黑反光膜覆盖早大梅后，其可溶性固形物含量增加了 1.28 个百分点，覆盖东魁杨梅后增加了 0.6 个百分点以上。不同地膜对杨梅单果重的影响不同，白黑反光膜对提高东魁杨梅单果重作用明显，两个试验点分别提高了 1.61 克和 3.36 克，灰黑反光膜不明显，普通无色透明地膜覆盖后反而下降，这可能与覆膜时间过早，覆膜时土壤干燥，覆盖后天气晴燥，透明膜保湿性能差有关（表 1）。

表 1 临海市杨梅园不同地膜覆盖后单果重和可溶性固形物比较

试验地点	测定时间	品种	树龄（年）	处理	单果重（克）	固形物（%）
白水洋镇上游村	6 月 24 日	东魁	13	白黑反光膜	33.27	13.88
				灰黑反光膜	32.11	13.64
				普通无色透明膜	27.36	13.68
				对照（空白）	31.66	13.12
涌泉镇西岙口	6 月 19 日	东魁	20	白黑反光膜	25.52	12.05
				灰黑反光膜	23.66	11.75
				普通无色透明膜	19.90	12.28
				对照（空白）	22.16	11.44
		早大梅	13	白黑反光膜	16.52	10.30
				对照（空白）	16.03	9.02

2.2 果蝇发生情况

试验结果看出，杨梅果蝇的发生量从小到大依次为全园覆盖 < 树盘覆盖 < 不覆盖，覆盖处理的果蝇发生量比对照减少 30% 以上（表 2）。

表 2 临海市不同覆盖处理的杨梅园果蝇发生量比较

地点	处理	幼虫数（头）	与对照比较减少（%）
白水洋镇上游村	地膜树盘覆盖	9	-30.7
	对照（空白）	13	
涌泉镇西岙口	地膜全园覆盖	7	-41.6
	对照（空白）	12	

2.3 对产量、效益的影响

2009 年杨梅成熟期，调查上游村王国荣试验点产量、产值和效益，发现反光膜对东魁杨梅增产、增效显著，产量增 16% 以上，产值增加 22% 以上（表 3）。

表 3 临海市上游村地膜覆盖的 13 年生东魁杨梅产量、产值和效益

处理	株产（kg）	株产值（元）	每亩					
			产量（kg）	产值（元）	地膜成本（元）	产量比对照增（%）	产值比对照增（%）	净增产值（元）
白黑反光膜	88	995	1 672	18 893	161	+18.9	+28	3 969
灰黑反光膜	86	954	1 634	18 126	144	+16.2	+22.8	3 219
无色透明膜	82.5	827	1 567.5	15 713	121	+11.5	+6.4	829
对照（空白）	74	777	1 406	14 763				

3 结论与讨论

通过对比试验，发现杨梅园覆盖地膜对提高产量、品质和效益的效果较好，每亩产值可增加 950～4 130 元，净增产值 829～3 969 元。尤其是覆盖白色反光膜使果实的单果重增加 0.49～3.36 克、可溶性固形物含量增加 0.61～1.28 个百分点，每亩产量增加 18.9%，产值增加 28%。覆盖地膜后果蝇发生量减少，可减少喷药次数，减轻农药污染，减少后期烂果，提高了产品的安全性，具有较强的推广应用价值；并且方法简便，可操作性强，可在生产上推广应用。覆盖园地以树冠郁蔽度 85% 以下，3 月以后，地温回升，土壤湿润时进行树盘覆盖为宜。试验中覆盖地膜处理成熟期推迟，西岙口的普通无色透明地膜覆盖杨梅单果重下降，对这些问题有待于进一步研究。

杨梅高接换种技术

卢志芳[1]　颜丽菊[2]*　林加法[3]

(1. 浙江省临海市大田林特站，临海　317000；2. 临海市特产技术推广总站；3. 临海市古城林特站)

杨梅是浙江省继柑橘之后的第二大水果产业，但杨梅品种之间价格差异很大，如2006年临海市东魁杨梅优质果价格一般在20~50元/千克，最高达100元/千克，而本地杨梅一般价格1~2元/千克，果农同样的管理，同样的投入，因品种不同，效益相差几倍，甚至几十倍，因此将低质、低效的本地杨梅高接换种，进行品种改良，是提高杨梅效益、促进果农增收最快速、最有效的方法，现将高接换种技术总结如下。

1　工具和材料

嫁接刀，整枝剪，手锯，磨石，切成4~6厘米宽的薄膜带，薄膜袋。

2　高接时期

春接掌握在树液大量流动之前，自2月上旬开始至4月上旬均可进行，浙江台州一带以3月上旬~3月下旬成活率最高，往北地区适当延迟，往南地区可适当提早。高接时的天气以晴天为好，如果下雨或天气闷热，切口有树液盈满，则成活率低；天气晴燥，切口树液有黏性，则成活率高。

3　接穗采集

选择品质优良、丰产、稳产母树树冠中上部生长健壮、无病虫害的二三年生枝条作接穗，粗度0.8~1.2厘米，长度10厘米以上，剪下后及时去除叶片、细枝，并做好保湿。接穗随采随接成活率高，但野生大砧就地高接以贮藏1~2日为好。

4　高接树的选择

高接树树龄最好在20年生以下，树体无严重的病虫害或伤残，癌肿病等枝干病斑少，高接部位树皮光滑，未施过多效唑，若树龄过大，则愈合能力弱，高接成活率低。可在距地30~50厘米处锯掉大枝，让隐芽萌发抽枝，选留7~8根枝条任其生长，其余抹除，翌年春季选4~6支再行高接，其余留作拔水枝，待成活后再剪去。

5　高接部位和接枝数确定

杨梅高接部位要求宜低不宜高，兼顾树形结构，分层高接，适当分散均匀。高接部位和

---

　*　颜丽菊（1964~　），浙江省临海市特产技术推广总站高级农艺师，临海市水果首席农技专家，一直从事水果技术推广工作

接枝数视原树大小确定，一般要求在 1.5 米以下，接枝数以适当多些为宜，以利树冠恢复。

6 锯树冠

先根据树冠原有结构，按照自然开心形，把过多的枝条锯掉，留下的枝条要求错落均匀，不重叠。锯枝时，在枝条离基部 15～20 厘米较平直光滑处锯断，便于操作。杨梅树伤流大，春季高接时接口处由于大量集中伤流液而抑制愈伤组织的形成，会使成活率大大降低。为提高成活率，全树枝条不能一次性全部锯断，而要留 1 枝作为"拔水枝"引水向上。如全树枝条一次性锯完，则要在最低接口下面 40 厘米左右处割一圈，即所谓"放水"，将伤流液从接口的下部导出，可提高成活率。

7 嫁接方法

主要采用切接法。

7.1 削接穗

先切取长 6～8 厘米的接穗，其下端的一侧浅削一刀略带木质部，削面长 3～4 厘米，背面削成 1 厘米左右斜面，削面必须平整光滑。

7.2 切砧

在断口选皮厚、光滑、纹理顺的地方把砧木切面略削少许，再沿皮层内略带木质部垂直切一切口，深度与长削面相同。嫁接口粗度在 5 厘米以上的切 2 个以上切口。

7.3 插接穗

把削好的接穗插入切口，长削面朝内，接穗和砧木两边形成层对准，靠紧，如接穗细，必须保证一边的形成层对准。接穗与切口之间露白 2 毫米左右，以利更好愈合。

7.4 绑扎

用准备好的薄膜带自下向上将接穗和砧木绑紧，并用薄膜带的一端反包接穗顶部，砧木断面也要用薄膜全部包扎；如断面大，接口多，先薄膜条扎几圈把接穗固定，然后用另一块薄膜将整个接口盖住，有接穗的部位将薄膜捅破后自上而下盖住接口，然后逐个接穗用薄膜条缠过去，特别是接穗顶部要用薄膜裹住，或用薄膜袋将高接部位套住。这样可保持接口和接穗有一定的湿度，且可防止雨水进入，提高成活率。

8 高接后的管理

8.1 保湿

经常检查薄膜袋有无破损，如有破损及时更换。

8.2 补接

接后半个月检查，未成活的须当年补接。

8.3 除萌

在接芽萌发前，所抽萌蘖要全部抹除。接芽开始萌芽后，接口下面的萌蘖不要全部抹除，对过长的萌蘖进行摘心，以起到辅养和遮阳作用，等到 9 月新梢长到一定长度后才全部抹除，过早抹除新梢易枯死或生长缓慢。如未接活的可选留 2～3 枝健壮的萌蘖，以便来年补接。

8.4 去袋破膜

接穗萌芽后，去掉薄膜袋，接芽被薄膜包裹的，应用刀头细心地将薄膜挑破，让新梢伸出膜外生长。去袋、破膜时要选择在阴天或毛毛雨的天气进行，有阳光的天气破膜新梢易枯死。

8.5 摘心

高接后，新梢抽发旺盛，要通过摘心促发分枝加快新树冠的形成。一般新梢长到 15 ～ 20 厘米时反复摘心，增加分枝级数，晚秋梢一律抹除。

8.6 撑枝、拉枝、立支柱

高接后抽发新梢直立，嫁接口愈合尚不牢固，遇台风、暴雨新梢易折断，在嫩梢期间可用竹签撑开，木质化后采用拉枝，将角度拉开，台风季节立支柱固定新梢。

8.7 解膜

于 9 月选择晴朗无风天气进行松膜，因此时砧穗伤口结合仍不牢固，松膜后需要重新包扎，包扎物最好用布条或薄膜条，待翌年春季伤口愈合良好后再解膜松膜，具体时间要视接口上下生长情况而定，如出现因缚扎而导致枝条凹陷时要及时松膜，以防影响生长。

8.8 树干保护

对裸露的枝干在夏季高温期，用遮阳网遮阳，或用折成 4 层的报纸或布条、稻草等包扎，或用白涂剂刷白，以防晒防日灼。

8.9 一般管理

加强肥培管理和病虫防治，保证枝梢健壮生长，促进树冠迅速恢复。

枇杷优质丰产栽培技术

李学斌[1]* 李学勤[2]

（1. 浙江省台州市椒江区林特总站，台州 318000；2. 浙江省台州市椒江区加止街道农林站，台州 318013）

摘要：枇杷为台州市的特产水果，因其生长快、结果早、栽培价值高、生产效益好而广为栽培。通过多年来的观察调查和生产实践，已总结出抗旱防冻、疏果套袋、重施二肥、深翻改土、防病治虫等一套优质丰产栽培技术。

关键词：枇杷；优质丰产；栽培技术

枇杷为台州当地的主栽水果，因产量低而不稳，品质良莠不一，严重影响枇杷产业的可持续发展。通过运用综合配套技术措施，全面提高枇杷的产量和品质。

1　抗旱防冻，提高坐果率

枇杷是一种开花期很长的果树，花期长达 3~4 个月，开花和幼果发育正值冬季低温少雨时期，花和幼果易遭冻害和干旱，造成严重的落花落果，导致大幅减产，做好抗旱防冻工作，对提高枇杷坐果，夺取优质丰产十分重要。

1.1　加强管理

培育健壮树势，增强树体抗寒力，一般强壮树的花期比衰弱树迟，花量多，坐果率高。

1.2　培土覆盖

冬季树盘覆土或铺草，防止表土结冰，保护好根系，可减轻冻害发生。

1.3　摇除积雪

遇下雪天要及时摇除树上积雪，防止结冰或融雪时冻坏花和幼果。

1.4　灌水抗旱

在干旱的冬季，有条件的地方可用滴灌或园沟灌水或树冠喷水以及地面浇施稀肥水防止燥冻。

1.5　根外追肥

在花期至幼果发育期可喷施 0.3%~0.4% 的磷酸二氢钾或 0.3%~0.5% 的硫酸钾或绿美 UA-102 液肥 500~600 倍液，可增强树体抗逆性，提高抗旱防冻能力。

2　疏果套袋，提高品质

2.1　疏果

枇杷在正常结果年景，往往挂果偏多，树体养分消耗大，果实发育不好，大小不一，品

---

　* 李学斌（1966~　），男，浙江省台州市椒江区林业特产总站高级农艺师，椒江区首席农技专家，一直从事水果技术推广工作

质差，且果实成熟期常因树体负担过重，遭遇晴热天气，果实出现萎蔫干瘪而引起大量落果，导致丰产不丰收。采用疏果，可获得个大、质优的果实，保持正常树势，防止大小年结果，使果实大小均匀，成熟一致。

2.1.1 疏果时间

一般在 3 月寒潮过后，气温已稳定回升 10℃ 以上，幼果已有小手指头大小时进行，即从 3 月初开始，到 3 月中旬结束。

2.1.2 疏果方法

先疏除病虫果、畸形果、受冻果（指果面茸毛萎蔫或有脱落、皮色黄绿的幼果），然后摘掉密生的幼果。

2.1.3 疏果量

视枇杷品种和树势强弱而定，如洛阳青枇杷，一般结果枝平均留果 2 个，树冠外部较粗壮的枝留果 3 ~ 4 个，较细的枝留果 1 个。

2.2 套袋

是提高果实外观商品质量，预防病虫为害，减少裂果，防止出现锈斑，提高商品售价的一项重要栽培技术措施。

2.2.1 套袋时间

一般在疏果后进行，即 3 月底至 4 月上旬，4 月中旬结束。

2.2.2 套袋方法

套袋前要喷一次杀菌剂，可选用 80% 喷克可湿性粉剂 600 倍液或 75% 百菌清可湿性粉剂 600 ~ 800 倍液。果袋用报纸或牛皮纸制作，选用报纸袋，采摘时可带纸剪下，不伤果皮，也不伤果实表面的毛绒，色泽好看。

3 重施二肥，保果促梢

3.1 施好保果肥

在 2 ~ 3 月枇杷春梢抽发前施入，对促进幼果膨大，减少落果，促发和充实春梢有重要作用，一般株施进口复合肥 0.5 ~ 0.6 千克和钾肥 0.2 ~ 0.3 千克。

3.2 施好采果肥

在枇杷采果后施入，主要是恢复树势，促夏梢抽发，有利花芽分化，为次年丰产打下基础。一般株施腐熟饼肥 3 ~ 4 千克或腐熟猪牛栏肥 40 ~ 60 千克或豆粉 3 ~ 5 千克，再加进口复合肥 1 ~ 1.5 千克或复混肥 1 ~ 1.5 千克（尿素、过磷酸钙、硫酸钾按 1：1：1 混配而成）。

4 深翻松土，促根增势

枇杷根系喜欢通气性和透水性良好的土壤。通过深翻松土，结合增施腐熟有机肥料，对改善土壤团粒结构，促发根系生长和增强树势有重要作用，一般在每年 10 ~ 11 月进行，每两年深翻一次。

5 防病治虫，保护梢果

枇杷的病虫害种类少，常见的有叶斑病、炭疽病、黄毛虫、梨小食心虫等，主要为害新梢和果实，会削弱树势，降低产量。

5.1 叶斑病

主要为害枇杷的叶片，在温暖多湿的条件下易发生，一年多次侵染，特别是梅雨季节发病较重。主要防治措施：一是加强管理，增强树势，提高抗病能力；二是清除病叶，减少越冬病源；三是喷药保护，在春、夏梢抽发期喷 0.5% ~ 0.6% 的波尔多液或 75% 百菌清可湿性粉剂 600 ~ 800 倍液或 80% 喷克可湿性粉剂 600 倍液。

5.2 炭疽病

主要为害枇杷果实，有些年份发生重，对枇杷产量影响大，在枇杷果实成熟期遇多雨，园地湿度大，施氮过多、枝梢密闭的发病重。在枇杷果实转色期（5 月上中旬），喷 25% 炭特灵可湿性粉剂 600 倍液或 80% 喷克可湿性粉剂 600 倍液进行防治。

5.3 黄毛虫

为害枇杷叶片，一年发生三代，第一代幼虫为害枇杷春梢，第二代为害枇杷夏梢，第三代为害枇杷秋梢。主要防治措施：一是做好清园，清除越冬蛹茧；二是利用一至二龄幼虫群集为害的特点，人工捕杀幼虫；三是在一至二龄幼虫发生期喷 52.5% 农地乐乳油 1 200 倍液或 48% 乐斯本乳油 1 000 倍液进行防治。

5.4 梨小食心虫

主要为害枇杷果实、枝梢，一年发生六至八代，以第二代幼虫为害枇杷果实最重，主要防治措施：一是果实套袋；二是用糖酒醋或黑光灯诱杀成虫；三是幼虫发生期，喷 90% 敌百虫 1 000 倍液或 80% 敌敌畏 1 000 倍液或 50% 杀螟松 1 000 倍液。

沿海翠冠梨优质丰产栽培技术

李学斌[1]*　　邱云清[2]

（1. 浙江省台州市椒江区农业林业局，台州　318000；2. 椒江区三甲街道农林站）

台州市自 2000 年从浙江省农业科学院引种栽培，表现成熟期早、品质优，但产量低而不稳。这与沿海地区 7 ~ 9 月易遭台风影响有关，枝叶破损严重，导致落叶提早，开二次花，造成次年大幅减产。几年来的示范试验和生产实践，针对沿海气候特点和土壤条件，采取以下措施，可以实现翠冠梨优质丰产。

1　改密植为稀植，适配授粉树和防护林

翠冠梨常规种植，一般亩栽 80 ~ 100 株，由于沿海地区地势平坦，风力大，管理要求高，为便于操作和实施矮化栽培，以亩栽 40 ~ 50 株较为适宜，株行距（3.5 ~ 4）米 ×（4 ~ 4.5）米，配置 20% ~ 30% 的授粉树。适合翠冠梨的授粉品种有杭青、清香、新世纪、黄花梨等品种。同时，有条件的地方，在梨园四周营造防护林，林种可选择珊瑚树、青竹、女贞等。

2　改疏散分层形为多主枝开心形

一般翠冠等早熟梨都选用疏散分层形或多主枝自然形。根据沿海地区的气候特点和矮化栽培的需要，选择多主枝开心形，具有矮化、抗风、早结丰产等特点。在定植当年定干培养多主枝，对选定主枝的直立性大枝，当年或次年用布条或其他材料进行 45° 的定位拉枝，交叉重叠的直立性大枝冬剪时酌情剪除，可将桃树的杯状形整枝法引入梨树的整形修剪，只不过主枝数量从 3 ~ 4 个增加到 4 ~ 6 个，进入结果投产后，去除中心干，果实生长发育期对新发嫩梢实行短截摘心或扭梢处理。

3　改保花保果为合理留果

一般年份均为花量多，坐果率高，如不实行疏果，挂果量过多，会使翠冠梨果实变小，品质严重下降。疏果是确保翠冠梨果实品质的一项重要措施之一。疏果可分次进行，第一次疏果在花后 15 天开始，一般按每一花序留一果的原则进行疏果；第二次疏果在花后 25 ~ 30 天，一般结果枝每隔 15 ~ 18 厘米留 1 果或按叶果比 30：1 确定留果量，主要疏除朝天果、病虫果、畸形果及小果，每亩产量宜控制在 2 000 千克以下。

---

　* 李学斌（1966 ~ 　），男，浙江省台州市椒江区林业特产总站高级农艺师，椒江区首席农技专家，一直从事水果技术推广工作

4 改传统施肥为配方施肥

几年来的示范实践表明，根据沿海翠冠梨的生长结果特点，改变施肥时期和用肥种类，效果十分明显。周年施肥中应以果实膨大肥和采后肥两次为重点，酌施萌芽肥和冬肥，同时，结合病虫害防治进行根外追肥，十分有利于翠冠梨的优质丰产栽培。萌芽肥一般株施腐熟猪牛栏肥 30~50 千克 + 过磷酸钙 1~1.5 千克，5 月中旬的果实膨大肥以促果实膨大，提高品质为目的，一般株施硫酸钾 0.5 千克 + 挪威产三元复合肥 0.3~0.5 千克。采果后以促进树势恢复，有利花芽分化和防止提早落叶为目的，一般株施挪威产三元复合肥 0.5 千克 + 尿素 0.2~0.3 千克，冬肥可酌施复合肥。根外追肥同病虫害防治结合进行，可选用硼砂、磷酸二氢钾、高钾叶面肥和绿美等有机腐殖酸营养液，且各种叶面肥（营养液）要交替使用，一般花期喷硼，坐果期喷磷、钾肥 + 有机腐殖酸，果实膨大期喷钾、成熟前期喷有机腐殖酸等营养液。

5 改一虫一病一防为多种病虫兼防

沿海翠冠梨发生的主要病虫是梨锈病、梨轮纹病、梨黑斑病、梨小食心虫、梨二斑叶螨、梨木虱和梨网蝽等，谢花后喷 80% 代森锰锌可湿性粉剂（喷克）600 倍液或 78% 科博可湿性粉剂（波尔锰锌）500~600 倍液 + 10% 吡虫啉可湿性粉剂 1 200 倍液防治梨褐斑病、梨轮纹病、灰斑病、黑星病及梨蚜虫和梨木虱等，谢花后一个月用 78% 科博可湿性粉剂（波尔锰锌）500~600 倍液 + 10% 苯醚甲环唑 1 500 倍液 + 52.5% 农地乐 1 200 倍液防治梨锈病、梨黑斑病和梨小食心虫等。果实成熟前一个月喷 80% 喷克 600 倍液 + 1.8% 阿维菌素乳油 1 500 倍液防治梨褐斑病、轮纹病、梨二斑叶螨、梨木虱等害虫，果实采收后喷 78% 科博可湿性剂 600 倍液或 80% 代森锰锌可湿性粉剂（喷克）600 倍液 + 48% 毒死蜱 1 000 倍液 + 10% 吡虫啉可湿性粉剂 1 000 倍液防治梨轮纹病、梨褐斑病和梨网蝽和蛾类等各种病虫害。

6 改集中统一采摘为分期分批完熟采收

为确保翠冠梨果实的品质，应在果实色泽和风味均达到该品种最佳成熟标准时采收，除运往外地销售和需冷藏保鲜的果实要适当提早采收外，对就地销售的果实，必须待充分成熟时采收，做到成熟一批，采收一批。一般先采大果，后采小果。翠冠梨由于果实肉质脆嫩，尤其充分成熟的果实不耐贮运，易挤压受损或擦伤，可选用专用塑料箱装箱运输，销售前再实行分级，用专用纸箱包装后出售。

翠冠梨早结丰产优质高效栽培经验总结

王天平[1]　颜丽菊[2*]　邵宝富[2]　李宏根[1]　朱建军[1]

(1. 浙江省临海市白水洋林特站，临海　317031；2. 临海市林特局)

临海市白水洋双绿蜜梨种植场，总面积20公顷，立地条件为溪滩地，2000年春季种植翠冠梨，2001年开始结果，2002年全面投产，总产量150吨，总产值62万元。2003年总产量达460吨，总产值148万元，取得了较好的经济效益，现将主要栽培经验总结如下。

1　合理建园

1.1　正确选择品种

根据市场需求，选择适合当地栽培的、味甜、质脆、无渣汁多、品质佳、丰产的翠冠梨作为主栽品种，选择花期一致、果大质优、丰产、耐贮的清香作为授粉树，栽种比例3：1。

1.2　合理密植

为使新建果园尽快投产，种植时采取先密后疏，株行距3米×2米，亩栽111株，投产后视树体封行状况进行间伐或移栽。

1.3　加强基础设施建设

针对该梨园沙性重、保肥水能力差的情况，该场先后投资30多万元安装了管道喷灌设施，以及引进先进的棚架栽培设施，提高了抗旱、抗风能力。2003年临海市遇罕见的干旱天气，有喷灌设施的梨园抗旱能力明显提高，单果重接近于正常年份，而没有喷灌设施的梨园，单果重比正常年份降低了20%左右。

2　科学管理

采取"走出去，请进来"的方法，一方面积极参加省、地举办的梨培训班及现场会，另一方面在蜜梨生产关键环节聘请专家到田头现场指导，不断提高蜜梨的管理水平和梨果质量。

2.1　合理施肥

幼树施肥以促为主，每年秋施基肥，株施腐熟鸡粪25~30千克，在生长季节用复合肥或尿素追施，做到薄肥勤施，尽快扩大树冠，使其第三年全面投产。进入结果期后，通常一年施4~5次肥料，采果肥：在采摘后及时施下，每株施复合肥0.5千克，加尿素0.2~0.3千克；9~10月，每株施腐熟有机肥25~30千克或腐熟饼肥2.5~3千克加过磷酸钙0.75~1千克；萌芽前（3月上旬）看树施肥，每株施尿素0.15~0.25千克，强势树可不施；谢花后20天（即4月下旬），株施进口复合肥0.3~0.5千克；果实膨大期，株施进口复合肥

＊　颜丽菊（1964~　　），浙江省临海市特产技术推广总站高级农艺师，临海市水果首席农技专家，一直从事水果技术推广工作

0.5~1 千克，加硫酸钾 0.5 千克。此外，根据树体需要，通过根外追肥及时补充氮、磷、钾、硼、锌、钼等营养元素。

2.2 整形修剪

以培养矮化开心树形为目标，为使其早丰产，幼龄树必须采取轻剪、多留、长放原则，即苗木种植后，留 40~50 厘米定干。新梢抽发后选留 3~4 个生长健壮、方位错开的新梢作主枝，留作主枝的枝梢长到 80 厘米时摘心，并将角度拉开至 45°~50°，再在主枝上培养副主枝、侧枝。冬剪时对各级骨干枝的延长枝要适度短截，使树冠继续扩大，其余枝条尽量少剪或不剪，留作辅养枝。通过刻芽、摘心、拿枝、拉枝等手段，使其早结果。盛果树冬季适度重剪，同时注意结果枝组的更新和培养，调节生长与结果的平衡。

2.3 适时疏果套袋

这是获得蜜梨大果、优质的关键，疏果最好分两次进行，第一次初疏，在谢花后 10~15 天（4月中旬左右）、大小果分明时，每果穗留 1~2 果，以留边果为宜，第二次复疏，在 4 月底，原则上每果台留 1 只果，叶果比以（25~30）：1 为宜。疏果后喷高效低毒杀虫杀菌剂 1 次（应喷水剂或粉剂，忌喷乳油剂，以防引起果锈增加）。待药液干后立即套袋。套袋应在 5 月下旬前结束。

2.4 病虫防治

萌芽前喷 3~5 度石硫合剂铲除越冬病源。谢花后喷 15% 粉锈宁可湿性粉剂 2 000 倍液加 10% 吡虫啉粉剂 1 000 倍液或乐斯本 1 200~1 500 倍液等，可兼治锈病、蚜虫、木虱等病虫。5~6 月在幼果生长期，用 40% 杜邦福星 6 000~8 000 倍液或大生、甲基托布津、多菌灵、百菌清等 600~800 倍液加 90% 敌敌畏或辛硫磷 800~1 000 倍液等防治黑星病、黑斑病、刺蛾、梨小食心虫、梨木虱、梨网蝽等病虫。采收后着重防治黑斑病、刺蛾、梨网蝽。防治时注意农药的交替使用，提高防治效果，挂果期喷药要注意安全间隔期。

3 注重品牌打造

2001 年梨园刚开始挂果时，就给蜜梨注册"沁怡"商标，同时，着手改进包装，制定无公害梨企业标准，规范生产，并通过举办梨园"开采"仪式、参与省级评比等多种形式宣传自己的品牌。"沁怡"牌蜜梨 2002 年获浙江省农业博览会银奖，2003 年获皇花杯浙江省名梨评比优质奖。由于注重品牌建设，"沁怡"蜜梨一投产就有一定的知名度，产品除在本地畅销外，广州、上海等客户也纷纷上门收购，价格比其他产地高出 25% 以上，发挥了良好的品牌效应。

对提高设施栽培葡萄品质的建议

李学斌[*]

（浙江省台州市椒江区农业林业局，台州　318000）

葡萄为台州农业的一项主导优势产业，目前，全市葡萄栽培总面积5.9万亩，其中，设施栽培（大棚）面积4.7万亩，已占种植总面积的79.7%。由于设施栽培葡萄果实成熟期早、售价高、生产效益好，近几年发展十分迅猛，成为台州水果品种结构调整、发展效益水果的主栽品种。但由于立地条件和管理水平的差异，葡萄品质表现良莠不一，生产效益和经济效益差异也很大。现根据笔者多年来的生产调查和实践，提出设施栽培葡萄提高品质的技术措施，供各地参考。

1　影响设施栽培（大棚）葡萄品质的几个因素

1.1　立地条件

不同类型的土壤条件，生产的葡萄品质有很大差异，如内陆溪滩地种植的葡萄，由于成熟期昼夜温差大，出产的葡萄品质比沿海盐碱地和平原水稻土的好。

1.2　挂果多少

过量挂果会严重影响品质，挂果量越多，品质影响就越明显，主要表现果粒变小、着色不良、风味变酸。合理挂果才能发挥各葡萄品种固有的品质特性。

1.3　激素应用

激素在葡萄栽培上的应用范围之广，没有哪种果树能相比，如控梢用比久、果实无核化处理用九二〇、果实膨大用吡效隆和细胞分裂素、催熟用乙烯利，可以说应用种类是最多的，对促进葡萄果实膨大、增大果粒、提早成熟采收、增加生产效益是至关重要的。但一些激素的应用，也带来一定的副作用，如乙烯利用于葡萄的催熟，品质下降明显，且不耐贮藏，过高浓度使用，还严重影响树势和次年的生长结果。

1.4　肥料组合

重化肥，轻有机肥和没有葡萄专用肥，N、P、K和微量元素的施用没有固定的配方，各地都有自己的传统做法，但从总体上来讲，有机肥和钾肥的施用量不够，不利土壤改良和增强树体的抗逆性，影响葡萄果实品质的提高。

另外，根外追肥也存在一定的盲目性，追求速效，不遵守科学，尤其一些微量元素肥料连续多次施用，不但达不到补缺作用，反而造成元素间的拮抗作用，不利果实的发育和树体正常的生长。

＊李学斌（1966～　），男，浙江省台州市椒江区林业特产总站高级农艺师，椒江区首席农技专家，一直从事水果技术推广工作

1.5 采前灌水

从产量角度或许有益，但从品质角度是不利的，不利成熟期果实品质的提高。

2 对提高设施栽培（大棚）葡萄果实品质的建议

2.1 疏果控产

根据不同葡萄品种的结果习性，严格控制结果量，抓好疏果，这是确保葡萄质量的重要一环。一般"欧美杂交种"亩产控制在 1 000～1 300 千克，美人指、矢富萝莎和无核早红等欧亚种葡萄品种，每亩控制在 1 000 千克左右。

2.2 控制激素

采前严禁使用激素催熟。

2.3 科学施肥

根据不同时期葡萄的生长发育进度和需肥要求，应分别选择不同类型的肥料，如在萌芽期以施氮、磷元素为主，促进花芽分化和雌蕊的细胞分裂。坐果后，再追肥一次氮、磷、钾复合肥（以 N 为主），促幼果细胞加速分裂和第一期膨大。果实成熟前 30～40 天增施钾肥，促果膨大。秋季落叶，施好基肥，选用腐熟的猪牛栏肥或饼肥。

另外，根外追肥应以腐殖酸类叶面肥为主，如植宝素、绿美施、钾美滋、绿芬威、爱沃富等，其他为辅，如钙美滋、钙镁肥、硼肥等，严禁使用含激素类的营养肥料。

2.4 环剥

在葡萄上的应用，主要在花后 20～25 天，在葡萄主干和主蔓上进行，环剥宽度为 0.3～0.5 厘米，应根据枝干粗度而定，同时，环剥口以下应留 1～2 个分枝。环剥主要作用是暂时阻止树体营养下移，把光合物累积在环剥口的上部，有利增重果粒、提高糖度和促进着色。各地要根据当地的实际，先试验后推广。环剥对一些树势强、结果性差的葡萄品种，应用效果较好。但要注意，环剥口不宜过宽，否则长时间不能愈合，严重影响树势和以后的结果。

2.5 防好病虫

大棚葡萄因薄膜覆盖隔绝雨水，原有多种真菌病害流行途径受到抑制，病害发生的时期和种类与露地有较大差别，一般棚内黑痘病、霜霉病、炭疽病比露地轻，而灰霉病、穗轴褐枯病、白粉病、白腐病比露地重。最近各地调查，葡萄透翅蛾发生不多，而小菜蛾、白粉虱、跳甲、蟋虫、斜纹夜蛾等害虫均有发生为害，要引起高度重视，及时做好防治工作，尤其对葡萄病害的控制应重在预防。

2.6 采前灌水

一般葡萄品种，采前 15 天要严格控制灌水，尤其是漫灌。采前土壤保持适当干燥状态，有利品质提高，在特别干旱的季节要采用适度滴灌，使土壤保持湿润状态，要求在浆果着色前或着色初期灌一次透水，以保证采前不缺水。

2.7 分期分批采收

在日本葡萄采前有严格的质量要求。如巨峰，成熟果实要求蓝黑色、可溶性固形物达到 17%，玫瑰露要求全面粉红色、可溶性固形物 19% 以上，才能采收进入市场销售。要求做到成熟一批，采收一批，实行完熟栽培。

华亮苹果优良单株选良初报

王天平[1]　颜丽菊[2]*　王克更[3]　朱建军[1]

（1. 浙江省临海市白水洋镇林特站，临海　317031；2. 临海市林特局；3. 临海市白水洋村）

华亮苹果（暂定）是 1994 年临海市白水洋村村民王克更从河南开封引进的几个苹果品种中选育出来的优良单株。当时引进的苹果品种有红富士、新红星、金帅、祝光、小金红、小国光 6 个品种，共 300 株，经引种观察，这些苹果在当地均能生长、结果，但是大部分品种投产迟，挂果时间长，管理不便，病虫害多，加上成熟期与北方苹果基本相同，市场竞争力弱，经济效益差，有的品种如祝光，虽然成熟早，但果小、味酸，品质差，唯有其中一株苹果与其他完全不一样，表现为优、美、高、早，即品质优、果形美、产量高、投产早、成熟期早，管理也较省力方便，经济效益好。2000 年在母本树上采穗高接和育苗，结果表明，其后代性状稳定，适应性强，很有发展前景。

1　主要性状

1.1　植物学特征

植株长势较强，分枝较多，主干明显，1 年生枝红褐色，较粗壮，皮孔中密，明显，褐色，圆形或椭圆形。叶片绿色、中大，椭圆形或长椭圆形，先端渐尖，基部圆，复锯齿，叶背有黄白色茸毛，叶柄中长。花芽圆锥形，较大，茸毛较少。叶芽三角形，贴伏于枝条。每花序有 5 朵花，少数 6 朵，花朵中大，初开粉红色，盛开后为白色。

1.2　果实经济性状

果实近圆形，果形端正，果形指数 0.95，单果重 125～175 克，最大 200 克，6 月下旬至 7 月上旬开始着色，底色黄绿，着鲜红色霞，成熟后有深红色断续条纹，色泽艳丽美观，金红色，果面光滑洁净，果点不明显，果皮较薄，蜡质中等，果梗较短，果肉乳黄色，肉质致密，松脆爽口，汁多、甜酸适口，品质上乘，可溶性固形物含量 13.5% 左右。

1.3　物候期

华亮苹果在临海初花期为 4 月 10 日，盛花期 4 月 20 日，落花期 4 月 25 日，果实成熟期在 7 月中下旬。

1.4　生长结果习性

幼树生长系统旺盛，1 年生树新梢生长量大，树冠扩展，萌芽率高，平均为 78.9%，成枝力强，平均成枝 4～5 条，开始结果早，长、中、短果枝和腋花芽均可结果，花序坐果率高，并且结果部位基部能抽发 1～2 个果台副梢，大部分可形成花芽，3 叶以上即能结果。无大小年，丰产，稳产，定植后第三年普遍结果，母本树定植第三年株产 2.5 千克，第四年

---

* 颜丽菊（1964～　），浙江省临海市特产技术推广总站高级农艺师，临海市水果首席农技专家，一直从事水果技术推广工作

株产 16.5 千克，第五年株产 33 千克，第六年株产 40.6 千克，第七年株产 47.5 千克，第八年株产 60 千克。

1.5 适应性和抗性

适应范围广，对土壤条件要求不严，丘陵、平原均可栽种，但以土壤深厚、排水良好的地块最为适宜，适应临海环境条件，果实着色良好，生理落果少，采前落果较轻，基本不裂果，病虫害较轻。

2 栽培技术要点

2.1 建园

新建园果园株行距为 3 米 ×3 米，每亩栽植 75 株，或 3 米 ×4 米，每亩栽植 55 株。栽植时不要太深，嫁接口一定要露出地面，并配置 10∶1 比例的授粉树，授粉树可选金帅品种。

2.2 肥水管理

秋施基肥，在苹果采收后施入，促使树势恢复和花芽分化，肥料以有机肥为主，适当搭配磷、钾肥，株施猪栏腐熟肥 25 千克，尿素 0.5 千克，磷肥 0.25 千克，硼砂 0.05 千克；春施芽前肥，株施复合肥 0.5～1.0 千克，促使萌芽抽梢整齐；壮果肥在疏果后立即施，以氮肥为主，成熟前 30 天左右（即 6 月下旬），以钾肥为主，株施硫酸钾 0.5～1.0 千克，可提高糖度，增进着色，果面红色多、美观。另外，可在花期、幼果期用 0.2% 尿素加 0.2% 磷酸二氢钾进行根外追肥，花期加入 0.2% 硼砂液可提高坐果率。

2.3 花果管理

花期采用人工授粉或果园放蜂，可提高坐果率。花谢后 10 天开始疏果，要求在一个月内完成，开始投产时果实偏小，更应注意做好疏果工作。

2.4 整形修剪

矮化密植园可采用细长纺锤形，培养成树高 2.5 米，主干上均匀分布 12～13 个水平枝组。

2.5 病虫防治

主要加强苹果轮纹病、苹果炭疽病、铜绿金龟子等病虫害的防治。

3 小结

华亮苹果优良单株表现为适应性广，色泽美观，品质优、丰产、稳产，成熟期比北方苹果早，上市季节与北方苹果错开，在浙江东南沿海一带有一定的推广价值。

水果病虫害防治篇

调整柑橘病虫害防治技术策略

李学斌[*]

（浙江省台州市椒江区农业林业局，台州　318000）

柑橘病虫害防治是柑橘优质果栽培的一项重要内容。由于受气候和环境条件的变化，柑橘病虫种群结构的演变，常规药剂抗药性的产生以及优质果生产对柑橘病虫害防治技术要求的提高，调整柑橘病虫害防治技术，确保柑橘病虫害防治的有效性、合理性和经济性，已成为当前柑橘病虫害防治技术探讨的一项重要课题。笔者历经多年的观察调查和生产实践，提出以下几点调整意见，供各地参考。

1　调整防治时期

柑橘疮痂病为柑橘上的一种重要病害，为害幼果会引发落果和影响果实品质，一般都要求春芽长 1 厘米和花谢 2/3 时进行防治，但经多年的生产观察调查，结果树在柑橘春芽长 1 厘米的防治，对幼果期柑橘疮痂病的发生为害没有直接影响，可防可不防。而在多雨年份，幼果期的癣皮疮痂病为害幼果十分严重，不能不防，因此柑橘疮痂病的防治时间，可由传统的芽长 1 厘米和花谢 2/3 调整为花谢 2/3 和幼果期进行防治，在多雨年份，幼果期需连防两次以上，同时，对兼治柑橘黑点病、炭疽病等的发生为害也有很好的效果。

2　调整防治次数

一般柑橘病虫害年防治次数均在 9~10 次或者更多，实行综合防治和科学用药，可将年防治次数减至 6~7 次，即萌芽前、春梢期、花谢 2/3、幼果期、果实膨大期、果实成熟前期和采后等各喷药 1 次，只要选用相应药剂完全能控制主要病虫的发生。

3　调整防治药剂

柑橘病虫的防治药剂种类多、差异大，尤其混配农药品种繁多，给使用者造成很大的混乱，再加上一些农药频繁使用，抗药性不断增强，新的替代药剂一时难以开发推出，对柑橘病虫综合防治带来很大的困难，笔者结合多年来的生产实践，围绕"安全高效、低毒低残留、节本增效"的原则，提出主要病虫害的用药建议。

3.1　柑橘疮痂病

改铜制剂为代森锰锌（喷克、大生）为主，溴菌清（炭特灵）、百菌清等为辅，治疗可选用霉能灵（酰胺唑）。

---

　*　李学斌（1966~　），男，浙江省台州市椒江区林业特产总站高级农艺师，椒江区首席农技专家，一直从事水果技术推广工作

3.2 柑橘蚜虫

改灭多威（万灵）、好年冬、菊酯类等为啶虫脒（农不老）和吡虫啉（达克隆）等；对已产生抗药性的柑橘蚜虫，要选用吡虫啉和灭多威复配的农药进行防治。

3.3 柑橘红蜘蛛、锈壁虱

由于对尼索朗、三唑锡、速螨酮等常用药剂产生抗药性，连续使用防效差、防治次数多，且在发生高峰期还难以控制。据台州市多年来的生产实践，冬、春季柑橘红蜘蛛发生期，宜选用速螨酮＋阿维菌素或噻螨酮（尼索朗）或四螨嗪（阿波罗）等进行防治较为理想。夏秋季以选用托尔克（进口苯丁锡）或克螨特（丙炔螨特）或双甲脒等为主，轻发时单用，发生量大时混配速螨酮，效果更佳，但不宜连续多次使用，尤其托尔克年使用次数应控制在 1～2 次。国产托尔克效果较差。夏秋季在脐橙上喷施托尔克，果实上易形成"花果"，应慎用。

3.4 柑橘蚧类、黑刺粉虱、卷叶蛾

改常用的马拉硫磷、水胺硫磷、稻丰散为毒死蜱（乐斯本）＋机油乳剂或吡虫啉或噻嗪酮，也可选杀扑磷（速扑杀）＋噻嗪酮，效果更佳，持效期更长。

3.5 柑橘潜叶蛾

改传统的杀虫双或菊酯类农药为阿维菌素＋吡虫啉或灭多威＋吡虫啉等药剂，重发年份选用吡虫啉＋灭多威进行防治效果较好。

3.6 吸果夜蛾类

改常用的糖醋液诱蛾和黑光灯诱杀为采前 3 周喷氟氯氰菊酯（百树得）进行防治，或频振式杀虫灯进行诱杀。

3.7 柑橘炭疽病、黑点病

改铜制剂、多菌灵、托布津等为代森锰锌（喷克）或溴菌清（炭特灵）、咪鲜胺（施保功）等进行防治。

4 调整柑橘病虫害的防治策略

对柑橘病虫害综合防治，由于防治技术的进步、使用农药的更新换代以及优质果栽培的需要，在防治策略上应作相应调整。一是改防枝叶病虫防治为果实病虫防治为主，如蚧类、螨类、疮痂病、黑点病等；二是改"一病一虫一防"为多种病虫联合防治，尽可能减少病虫防治次数，如谢花后，幼果期可采取一次用药，选用多种农药，同时，兼治多种病虫；三是改化学防治为综合防治，如病害的防治做好开沟排水、增施有机肥料、剪除病虫枝、枯枝等农业防治措施，对控制病害的发生也有一定的效果。螨类的防治、园地种植藿鱼蓟和释放捕食螨等措施也能有效减轻螨类的发生和为害。夜蛾类防治用灯光诱杀也十分有效。

柑橘病虫优化防治试验总结

颜丽菊[*]

（浙江省临海市林特局，临海　317000）

柑橘病虫优化防治是柑橘省力化栽培的一项重要技术措施，是降低柑橘生产成本、提高经济效益的重要途径之一。在临海市柑橘省力化栽培课题组的指导下，于1996年进行了柑橘病虫优化防治试验，现将试验结果报告如下。

1　试验材料与方法

1.1　材料

本试验设在临海市白水洋镇双楼村，品种为12年生枳砧普通温州蜜柑，树势中等，生长基本一致，立地条件为溪滩地、沙壤土。

1.2　试验设计

试验设优化防治（全年9次）与常规防治（全年13次）2个处理（表1）。每个小区面积166.7平方米，每年处理3次重复，随机区组设计，另设3株不喷药为对照。

表1　柑橘病虫优化防治与常规防治处理设计

序号	喷药时间	防治对象		药剂及其使用方法
		主治	兼治	
			优 化 处 理	
1	3月9日	螨、蚧	地衣苔藓	20%融杀蚧螨粉剂80倍液
2	4月11日	疮痂病	红蜘蛛	0.8%波尔多液加20%螨死净1 500倍液
3	5月6日	蚜虫	凤蝶幼虫	10%吡虫啉5 000倍液加灭扫利3 000倍液
4	5月20日	疮痂病	蚜虫	77%可杀得600倍液加10%吡虫啉5 000倍液
5	6月4日	蚧粉虱卷叶蛾	螨类疮痂病	40%速扑杀1 500倍液加15%螨虫净2 000倍液加代森锰锌800倍液
6	7月23日	粉虱蚧类	锈螨黑点病	40%速扑杀1 500倍液加50%克螨锡3 000倍液
7	8月6日	潜叶蛾	炭疽病	20%好年冬2 000倍液加代森锰锌800倍液

　　* 颜丽菊（1964～　），浙江省临海市特产技术推广总站高级农艺师，临海市水果首席农技专家，一直从事水果技术推广工作

（续表）

序号	喷药时间	防治对象		药剂及其使用方法
		主治	兼治	
8	9月6日	蚧类 螨类	粉虱 夜蛾	35%快克800倍液加10%克螨锡1 000倍液加百树得2 000倍液
9	10月16日	螨类	炭疽病	15%扫螨净2 500倍液加70%托布津1 500倍液
		常 规 处 理		
1	3月9日	螨、蚧	地衣 苔藓	10倍松碱合剂
2	4月11日	疮痂病	红蜘蛛	77%可杀得600倍液加尼索朗2 000倍液
3	4月29日	花蕾蛆		50%辛硫磷150~200g/亩撒施
4	5月6日	蚜虫	花蕾蛆	80%敌敌畏1 000倍液加好年冬2 000倍液
5	5月20日	疮痂病		0.8%波尔多液
6	6月4日	蚧类 粉虱	疮痂病 卷叶蛾	77%可杀得600倍液加快克800倍液加灭扫利3 000倍液
7	6月29日	卷叶蛾 蚧类	粉虱	40%速扑杀1 500倍液加菌毒清800倍液扫螨净3 000倍液
8	7月23日	炭疽病 锈螨	蚧 粉虱	35%快克800倍液好年冬2 000倍液加代森锰锌800倍液
9	8月6日	潜叶蛾	锈螨	好年冬2 000倍液杀虫双600倍液
10	8月15日	潜叶蛾	卷叶蛾	杀虫双600倍液加40%速扑杀1 500倍液
11	9月1日	潜叶蛾	螨类	单甲脒600倍液加杀虫双600倍液
12	9月27日	蚧类 粉虱	螨类	三唑磷600倍液加扫螨净2 500倍液
13	11月16日	螨类 炭疽病		氧化乐果1 000倍液加杀螨利果2 000倍液加代森锰锌800倍液

1.3 测定项目与方法

1.3.1 亩费用（含人工）

记载每次喷药所用时间及用药成本，折算亩费用。

1.3.2 主要病虫害控制情况

①红蜘蛛：从5月20日开始至11月5日止，每隔半个月定点调查30片叶，检查活成虫头数；②蚧类、粉虱：于10月4日各小区随机检查3株，每株树检查50厘米枝梢（包括叶片）；③潜叶蛾：分别在8月20日，9月15日进行调查，每小区调查30个新梢，共90个，分别记录梢、叶为害程度。

1.3.3 好果率

柑橘采收时，每个小区检查3株，每株随机取50只果，分1级为无病虫斑；2级为1/2果面内有病虫斑；3级为1/2以上果面有病虫斑。

2 试验结果

2.1 喷药次数减少，农药成本降低

优化防治，与常规防治比较，年防治次数由 13 次减少到 9 次，亩用工 3.24 工，以每工 25 元计算，节约工本 81 元，农药成本减少 5 055 元，亩费用 28.1%，达到省工省本的目的。

2.2 主要病虫害得到有效控制

表 2　红蜘蛛田间消长情况　　　　　　　　　　　　　　（活虫头/30 叶）

月·日 处理	5.20	6.05	6.20	7.05	7.20	8.05	8.20	9.05	9.20	10.05	10.20	11.05
对照	129	212	1 041	1 858	931	69	374	430	613	599	517	514
常规	170	5	35	182	49	3	171	61	263	45	264	322
优化	13	3	7	39	34	2	153	79	41	99	8	19

2.2.1 红蜘蛛防治情况

从表 2 中可看出，优化防治区，红蜘蛛基本上得以控制。优化防治区的虫口数几乎都明显低于常规区及对照区。

2.2.2 蚧类、粉虱防治情况

从调查结果看，对照蚧类 203 只，粉虱 188 只，而常规防治区与优化防治区均为零。

2.2.3 潜叶蛾

试验表明，8 月 20 日检查时，优化防治区与常规防治区防治效果相差不大，其中为害率分别为 3.8% 和 3.5%，而 9 月 15 日检查时，优化防治区的为害率（59.4%）高于常规防治区（36.8%），但低于对照区（67.6%）。

2.3 好果率较高

据调查表明，一级果率对照区仅 9.33%，而常规防治区 94.7%，优化防治区为 90.7%，比常规防治区低 4 个百分点。

3 小结

试验结果表明，优化防治比常规防治具有明显省工、省本作用，每亩节约费用 132 元，降低 28.1%，尤其在节省劳动力方面更为显著。

从试验结果可以看出，优化防治区柑橘红蜘蛛、蚧类、潜叶蛾等主要病虫害基本上得到有效控制，且红蜘蛛防治效果高于常规防治，但潜叶蛾的防治效果稍差，可能与好年冬防效有关。

尽管果实中优化防治的一级果率略低于常规防治，如果每亩产量 1 500 千克，一级果与二级果每千克差价 0.5 元计算，不过减少产值 30.00 元，远低于所节约成本。

综上所述，我们初步得出如下结论：病虫优化防治经济效益是显著的，但在各种农药的搭配选用、防治时间的调整及提高防治效果和好果率等方面还需进一步试验探讨。

橘园主要害虫选择性药剂的系统筛选及其组合技术效益的研究

陈道茂[1] 陈卫民[1] 李学斌[2]* 陈林夏[2] 张纯胄[3] 金莉芬[3]

（1. 浙江省科学院柑橘研究所，黄岩 318000；2. 浙江省台州市椒江区农业林业局，台州 318000；

3. 温州市农业科学研究所，温州 325000）

摘要：取 40 余种国内外农药，分别对柑橘害螨、蚜虫、蚧类和潜叶蛾 4 大类主要害虫，采用多边测定、系统筛选的方法，选出尼索朗、螨死净、倍乐霸、托尔克、克螨特、卡死克、机油乳剂及叶蝉散等一批高效选择性或部分选择性药剂。大田试验结果表明，停用有机磷或有机磷和除虫菊酯类药剂，采用选择性药剂组合技术的实验区比常规区全年减少病虫防治费用 14.91% ~ 42.14%；同时，害虫天敌明显增加。据不完全统计，1988 ~ 1990 年浙江橘区选择性药剂和部分选择性药剂的应用面积超过 20 余万公顷次；仅尼索朗一种药剂的使用面积就近 11 万公顷次，节约防治费用超过 5 000 万元。研究结果表明，在橘园内停止或控制使用对生态环境有严重破坏作用的有机磷和拟除虫菊酯类药剂是完全可行的。该项技术具有明显的经济、生态和社会效益。

关键词：柑橘害虫；选择性药剂；组合技术效益

近年，我国柑橘种植业有了很大的发展，面积超过 100 万公顷，是世界主要柑橘生产国之一。在柑橘生产中，病虫（含螨，下同）的为害极大地影响柑橘产量和品质。现已查明，害螨、蚜虫、蚧类和潜叶蛾 4 大类为浙江橘区主要害虫。当前防治这些害虫以化学方法为主，使用的药剂多为广谱性，由于长期使用已明显产生抗药性。同时，还会杀伤天敌和促进害螨的繁殖等，引起柑橘害虫的再增猖獗（冯明祥，1987；邱益三，1989；王强等，1990；陈道茂等，1990，1991）。因此，改变农药品种结构已成为柑橘业进一步发展的重要课题。为此，作者于 1986 ~ 1990 年进行该项研究，结果报告如下。

1 材料

1.1 害虫种类

以橘全爪螨（*Panonychus citri*）、棉蚜（*Aphis gossypii*）和绣线菊蚜（*A. citricola*）、红蜡蚧（*Ceroplastes rubens*）以及潜叶蛾（*Phyllocnistis citrella*）等为主要对象。

1.2 供试药剂

杀螨剂：5% 尼索朗 EC 和 WP；20% 螨死净 EC；20% 双甲脒、5% 卡死克、爱比菌素、50% 溴螨酯、73% 克螨特、35% 除螨特和 20% 三氯杀螨醇 EC；25% 倍乐霸、50% 托尔克和普特丹（已撤销登记）WP；50% 硫悬浮剂、石硫合剂。

杀虫剂：有机磷类的 40% 水胺硫磷和氧化乐果、80% 敌敌畏、50% 稻丰散、25% 喹硫

---

* 李学斌（1966~   ），男，浙江省台州市椒江区林业特产总站高级农艺师，椒江区首席农技专家，一直从事水果技术推广工作

磷、40.7％乐斯本 EC；20％氰久合剂、果丰灵、螨虫灵、10％稻虫散 WP。拟除虫菊酯类的有 20％速灭杀丁、杀灭菊酯、灭扫利、2.5％敌杀死、溴仲、功夫、2％罗速、10％天王星、5％来福灵 EC。氨基甲酸酯类的有 20％好年冬、10％叶蝉散、24％万灵、25％速灭威、仲丁威 EC。昆虫生长调节剂有 5％抑太保、农梦特、XRD473EC。其他有 20％融杀蚧螨、尼柯霉素 WP；95 机油和柴油 EC、25％杀虫脒 EC。

1.3 柑橘品种和虫源

供试的柑橘品种为黄岩、椒江的温州蜜柑。试虫来自该地橘树。供毒力测定的柑橘害虫天敌取自温州市郊橘园，并经室内饲养后供测定用。

2 方法

2.1 选择性药剂多变测定筛选

2.1.1 药效

在室内筛选的基础上，择优进入田间试验。橘全爪螨：杀虫、杀卵试验采用叶盘法（陈道茂等，1988），田间试验选取害螨发生普遍的橘园，采用单管喷雾器均匀喷雾；药前在每株树冠中层的东、南、西、北四个方位，用 20 倍手持放大镜检查 10 片叶背面的成、若螨和卵数，作为虫口基数；药后 2 天以同样方法检查杀螨效果；以后每隔 10 天检查一次，观察药剂的防效和有效期。柑橘蚜虫类：药前定梢检查虫口基数，药后 2 天检查虫口减退率，计算防治效果。柑橘红蜡蚧：在一至二龄若虫期施药，药后 15 天查死亡率，计算防效；药后 15 天检查护梢效果。

2.1.2 新选药剂对害虫天敌选择性的测定

对江原钝绥螨（*Aimbtyseiua eharai* Amitai et swirski）在常温下采用浸玻片法；其他天敌取有相应害虫为害的叶片，然后移植饲养天敌，于药后不同时间用双筒镜检查死亡率，以触动虫足不动者为死虫，卵以孵化率为标准。

2.1.3 新选药剂对害螨繁殖的影响

取新选部分药剂，在 LC$_{50}$ 以下浓度处理橘全爪螨、若螨、成螨，观察药剂对其繁殖的影响。

2.2 新选药剂组合技术应用效益

1988 年停用有机磷农药的试验园，取黄岩市郊橘园 0.3 公顷。分 3 区，即实验Ⅰ区以尼索朗、柴油乳剂为主；实验Ⅱ区以托尔克、柴油乳剂为主；Ⅲ区为对照，用常规药剂。以橘全爪螨为主要观察对象。防治其他病虫害取新选药剂。根据全年用药总次数计算 3 个区的防治总费用和经济效益。1989 年全面停用有机磷和拟除虫菊酯类农药的试验园，取自椒江市郊橘园，以橘全爪螨、蚜虫类、蚧类和潜叶蛾四大类作为防治和观察对象；全园冬季喷施松碱合剂，生长季在实验园选择尼索朗、机油乳剂、卡死克和叶蝉散等 4 种药剂，分别单独使用；以邻近同一品种、生长一致的橘园喷施常规药剂为对照；观察防治效果和生态效益，计算防治费用和经济效益。

3 试验结果

3.1 药剂多边测定系统筛选

3.1.1 药效

3.1.1.1 橘全爪螨：室内杀螨活性结果表明，48小时的校正死亡率在90%以上者有3.125毫克/千克功夫、12.5毫克/千克溴仲乳油、16.7毫克/千克爱比菌素、30毫克/千克罗速、33.3毫克/千克灭扫利、天王星、100毫克/千克普特丹、双甲脒、116.7毫克/千克除螨特、133.3毫克/千克氰久合剂、果丰灵、166.7毫克/千克溴螨酯、182.5毫克/千克克螨特、250毫克/千克三氯杀螨醇、266.7毫克/千克氧化乐果、333.3毫克/千克倍乐霸、400毫克/千克水胺硫磷、2 000毫克/千克融杀蚧螨、2 375毫克/千克机油乳剂、6 333.3毫克/千克柴油乳剂等，其他药剂杀螨活性较差。室内杀卵活性试验结果，6天的校正死亡率在90%以上者有12.5毫克/千克尼索朗乳剂和粉剂、50毫克/千克螨死净、182.5毫克/千克除螨特、250毫克/千克三氯杀螨醇、2 000毫克/千克融杀蚧螨、2 375毫克/千克机油乳剂、6 333.3毫克/千克柴油乳剂等，其他药剂杀卵活性较差。田间试验一次用药控制害螨数量再增长时间较长的药剂，依次为60天以上者有尼索朗、螨死净、普特丹，使用浓度分别为16.7、50和166.7毫克/千克；30~60天者有克螨特、托尔克、倍乐霸、卡死克等，使用浓度分别为243.3、250、166.7和25毫克/千克；在20~30天者有罗速、溴螨酯和双甲脒，使用浓度分别为30、250和100毫克/千克；在15~20天者有机油乳剂、柴油乳剂、融杀蚧螨、农梦特、抑太保、氰久合剂、除螨特、果丰灵、螨虫灵、功夫、灭扫利、天王星、氧化乐果、水胺硫磷、三氯杀螨醇等，使用浓度分别为4 750、9 500、2 000、50、50、133.3、233.3、250、200、5、33.3、33.3、400、266.7和250毫克/千克。这些药剂在20世纪80年代中期以前可作为主要杀螨剂应用，但具有强烈杀卵功能的新杀螨剂广泛出现，仍作为杀螨剂单独使用，嫌有效期太短。其他品种比常用药剂更短，基本上无实用价值，只起兼治作用。药剂有效期长短，与杀卵功能关系密切，如尼索朗室内卵的毒力测定，0.5毫克/千克的效果仍在90%以上。室内盆栽苗药后分期接螨卵，有效期达70天。尼索朗不仅杀卵活性强，而且持效期也长。可见，一种药剂田间控制害螨时间长短，除与杀卵活性有关外，更重要的与杀卵有效期长短的关系更密切。其次，与药剂性能有关，如卡死克，杀虫性能独特，它是通过抑制昆虫生长发育达到杀虫作用的。但要指出的是，像尼索朗、螨死净和卡死克之类药剂杀螨速效性差，在成、若螨密度高时适宜与速效药剂混合使用。

3.1.1.2 其他主要害虫：防治柑橘蚜虫类效果优异者有5毫克/千克敌杀死、8.3毫克/千克溴仲乳油、40毫克/千克好年冬、62.5毫克/千克仲丁威、120毫克/千克万灵、100毫克/千克氰久合剂、133毫克/千克果丰灵、250毫克/千克叶蝉散、333.3毫克/千克速灭威、氧化乐果、稻虫散等，48小时的药效分别为99.84%、99.84%、94.50%、99.82%、93.77%、100%、86.30%、93.80%、94.20%、90.34%和98.66%。而来福灵、敌敌畏、机油乳剂、速灭杀丁等，药效仅在65%左右，甚至更低。防治柑橘潜叶蛾，48小时杀虫效果，120毫克/千克万灵为88.0%（93.79%，护梢效果，下同）、100毫克/千克氰久合剂为（90.0%）、100毫克/千克天王星78.82%（92.1%）、500毫克/千克XRD473为74.37%（78.9%）、100毫克/千克杀灭菊酯为72.18%（61.62%）、200毫克/千克融杀蚧螨为

69.24%（69.1%）、16.7毫克/千克来福灵为62.22%（65.59%）、20毫克/千克速灭杀丁为61.0%（30.3%）、200毫克/千克果丰灵为55.0%（61.5%）、20毫克/千克抑太保、农梦特及卡死克，分别为57.8%（45.5%）、54.1%（35.7%）和46.4%（64.6%）。防治柑橘红蜡蚧一至二龄幼蚧，水胺硫磷、稻丰散、氧化乐果、乐斯本、喹硫磷400毫克/千克、果丰灵250毫克/千克、氰久合剂200毫克/千克、机油乳剂6 000毫克/千克和融杀蚧螨2 000毫克/千克等，15天的药效均在90%以上。

3.1.2 对柑橘害虫主要天敌的毒性

有选择地取部分新选药剂对柑橘害虫有代表性天敌的毒性测定结果（表1）表明，供试的尼索朗和螨死净等，对供试的天敌毒性较低、属较全面的选择性药剂；而托尔克、倍乐霸、卡死克、机油乳剂和柴油乳剂对大部分天敌安全，属选择性药剂；三氯杀螨醇、叶蝉散、杀虫脒属部分选择性药剂；乐斯本、氧化乐果、水胺硫磷、杀灭菊酯对大部分天敌不安全，属广谱性药剂。

表1 部分新选药剂对柑橘害虫主要天敌毒性测定结果（温州，1989）

类别	供试药剂	使用浓度（毫克/千克）	江原钝绥螨（成虫）	深点食螨瓢虫（成虫）	塔六点蓟马（幼虫）	草间小黑蛛	卷叶蛾卵寄生蜂（蛹）	异色瓢虫（幼虫）	大草蛉（幼虫）	食蚜瘿蚊（幼虫）
新选药剂	尼索朗	25	0	0	2.05	0	19.37	0	0	0
	螨死净	100	20.60	—	—	—	—	—	—	—
	托尔克	200	9.30	82.80	6.60	20	2.58	12.50	0	—
	杀虫脒	250	95.35	100	100	10	—	—	—	—
	柴油乳剂	9 500	26.50	—	—	—	—	—	—	—
	机油乳剂	9 500	29.50	100	66.60	25	—	29.16	56.67	5.61
	倍乐霸	500	—	84.09	16	10	—	58.53	23.33	—
	叶蝉散	333				0		98.40	91.30	2.80
	卡死克	100				0		70.00		0.83
	乐斯本	400				70.00		100	100	100
常用药剂	三氯杀螨醇	200	11.64	81.82	34.19	10	24.73	25	60	0
	氧化乐果	400	95.35	100	95.03	10	—	100	100	42.83
	水胺硫磷	400	44.19	100	100	100		100	100	—
	杀灭菊酯	40	25.95	100	76.47	100	—	63.63	72.32	0

注：*表中数据均为校正死亡率（%）；

卷叶蛾卵寄生蜂、大草蛉为药后72小时效果，其他均为药后48小时效果

3.1.3 对橘全爪螨螨繁殖的影响

结果表明，尼索朗、托尔克和三氯杀螨醇对橘全爪螨的繁殖没有促进作用；而敌杀死和速灭杀丁对其繁殖有明显的促进作用（陈道茂等，1990，1991）。

综上所述，对四大类害虫经多边测定、系统筛选出一批选择性或部分选择性药剂，它们

是尼索朗、螨死净、托尔克、倍乐霸、克螨特、机油乳剂、卡死克及叶蝉散等 8 种。

3.2　新选药剂组合技术应用效益

3.2.1　试验区

停用有机磷药剂的试验，试验区全年喷药 10 次，防治柑橘主要病虫效果均在 90% 以上，其用药次数比使用常规药剂的对照区减少 2 次，节约防治费用 14.91% ~ 17.77%。全年使用尼索朗或托尔克 2 次防治橘全爪螨，能控制该螨两个高峰期的为害，而尼索朗的药效期比托尔克长得多。

停用有机磷和拟除虫菊酯类药剂的试验，试验区每年喷药 10 次，防治病虫效果也在 90% 以上；比使用常规药剂的对照区减少 8 次，节约防治费用 42.14%；同时，试验区的害虫天敌数量明显增加，其中，异色瓢虫（*Leis axyridia*）、大草蛉（*Chrysopa septem-punctata*）和各种微蛛（*Erigone sp.*）等三大类天敌，比对照园分别增加 1 012.5%、331.6% 和 591.7%（表 2）。

表 2　停用有机磷和拟除虫菊酯类药剂橘园化防经济效益 *　　　　（黄岩，椒江）

处理	区别	全年防治橘全爪螨				全年防治其他病虫总次数	全年合计工本费（元）	与对照比节约工本费（%）
		施药次数	浓度（毫克/千克）	防治效果（%）	有效期（天）			
停用有机磷农药（1988 年）	试验区	尼索朗 2 次	16.7	93.27	90	柴油乳剂、功夫、托布津等共 8 次	161.92	17.77
	试验区	托尔克 2 次	250	95.63	40	柴油乳剂、功夫、托布津等共 8 次	167.56	14.91
	对照区	水胺硫磷 氧化乐果 4 次	571 400	84.19	15	氧化乐果、杀灭菊酯、托布津等共 8 次	196.92	—
停用有机磷和拟除虫菊酯类农药（1989 年）	试验区	尼索朗 2 次	20	96.5	90	叶蝉散、卡死克、机油乳剂、托布津等共 8 次	145.88	42.14
	对照区	氧化乐果、三氯杀螨醇等 6 次	400 250	90.9	10 ~ 15	敌敌畏、杀灭菊酯、水胺硫磷、氧化乐果、托布津等共 12 次	252.11	—

注：* 农药价格以黄岩、椒江市场价计；人工费以每次每公顷 120 元计

3.2.2　大面积应用结果

1988 ~ 1990 年浙江橘区推广使用尼索朗、托尔克、克螨特、倍乐霸、卡死克、机油乳剂、叶蝉散等选择性药剂和部分选择性药剂超过 20 万公顷次；仅尼索朗一种药剂就近 11 万公顷次。据全省 12 个单位调查，用尼索朗防治橘全爪螨全年平均施药 1.98 次，比常规药剂少喷 4.76 次；每公顷可节省工本费 928.2 元，再按 60% 计，3 年共节约防治费用超过 5 000 万元，经济效益十分显著。据椒江区山东乡调查，以单用尼索朗防治橘全爪螨，每公顷全年可减少生产成本 1 410 元。又如该市洪家区以专业户 1.2 公顷橘园生产成本计算，防治该螨在 1988 年用药 8 次，药费计 720 元，用工 216 工（每工 10 元）；1989 年采用尼索朗防治该

螨减少药费 552 元, 节约劳力 189 工, 每公顷可节约工本 2 058 元, 占 84.8%。由于改变有机磷和拟除虫菊酯类农药频繁使用的局面, 橘园生态得到改善, 害虫天敌明显增加。

4 讨论

从国内外 40 多种药剂中筛选出尼索朗、螨死净、倍乐霸、克螨特、机油乳剂、卡死克和叶蝉散等一批高效的选择性或部分选择性药剂。通过新药剂组合技术实验及大面积应用, 已证明在橘园停用或控制使用对天敌杀伤和抗药性严重、广谱性的有机磷和拟除虫菊酯类农药是完全可行的。新选的药剂杀虫效果好, 喷药次数少, 经济、生态和社会效益明显。

本实验采用多边测定、系统筛选的方法, 改变以往仅以药效为依据的做法; 根据对害虫的药效、对天敌的毒性、对害虫繁殖的影响以及抗药性预测和残留毒性测定等进行综合评价。虽然筛选工作量有所增加, 但对生态和环境的安全程度大大提高。另外, 作者从研究以橘全爪螨为代表的害螨生物学特性着手, 证明橘全爪螨的卵在害螨生物学和防治上具有重要意义, 因而筛选杀螨药剂可以杀卵效果好坏及有效期长短为依据。如新选药剂中有的杀螨效果不佳, 但具强烈的杀卵效能, 经田间试验和大面积应用后, 证明较常规农药具有明显的经济、生态和社会效益。筛选出的新药剂, 推广应用 3 ~ 5 年内, 有的很快就出现敏感性下降现象, 使用浓度有所提高。因此, 采取科学用药, 以延缓害虫抗性的产生, 延长农药的使用寿命, 提高农药的经济效益, 已成为当前急待解决的问题。

本试验采用改变农药品种结构格局, 应用选择性药剂组合技术防治橘园主要害虫, 已获得明显的经济和社会效益。若与当前橘园综合防治所采用的一系列技术措施, 如营造防护林、种草（如藿香蓟）或生草栽培以及释放天敌等结合起来应用, 必将会获得更大的经济、社会和生态效益。

参考文献

[1] 王强, 叶兴祥, 赵华, 等. 橘全爪螨对几种杀螨剂的抗药性及药剂混配的增效作用. 浙江农业科学, 1990 (1): 41 ~ 43
[2] 冯明祥. 果树害虫抗药性及其对策. 昆虫知识, 1987, 24 (5): 314 ~ 319
[3] 邱益三. 拟除虫菊酯对害虫天敌的影响及对策. 农药, 1989, 28 (3): 30 ~ 33
[4] 陈道茂, 陈卫民. 柑橘害螨室内药效简易测定方法. 植物保护, 1988, 14 (4): 35
[5] 陈道茂, 陈卫民. 二种拟除虫菊酯对橘全爪螨繁殖的影响. 植物保护学报, 1990, 17 (8): 279 ~ 282
[6] 陈道茂, 陈卫民. 5 种药剂对橘全爪螨繁殖的影响. 浙江农业学报, 1991, 3 (1): 24 ~ 28

选择性药剂组合配套技术的效益

陈道茂[1] 陈卫民[1] 李学斌[2]* 陈林夏[2] 张纯胄[3] 金莉芬[3]

(1. 浙江省科学院柑橘所；2. 浙江省椒江市农业林业局；3. 浙江省温州市农科所)

人类与农作物病虫害作斗争，化学农药发挥了巨大的作用，但在化学农药的发展和广泛的应用的同时，也产生一系列问题，如害虫产生抗药性，使药剂失效或降低药效；杀伤生态因子中众多种群害虫的有益天敌；促进害虫或害螨的繁殖以及污染环境等。农药在柑橘园中应用也产生同样的情况，而且由于橘树常绿、寿命长，在这一特殊的小生态系条件下，上述副作用的破坏性比大田作物更为严重。为探明橘园生态系的现状及应采取的对策，特从事专项调查观察，现将结果汇总如下。

1 橘园生态系的现状

1.1 橘园病虫种群及其发生为害情况

从浙江黄岩橘区的橘园观察表明，当前橘园害虫主要有蚜虫类、螨类、蚧类、潜叶蛾、花蕾蛆、天牛、凤蝶等20大类；病害以柑橘疮痂病、溃疡病、树脂病、炭疽病等几种。按照其为害和损失程度确定，以柑橘蚜虫类、螨类、蚧类及潜叶蛾4大类为优势种群害虫，以柑橘疮痂病为常年流行病。它们的发生特点是持续时间长，发生量大，并发生为害严重。

1.2 橘园化学农药的应用和天敌现状

当前橘园中广泛使用的杀虫剂和杀螨剂，并以广谱农药品种为主的结构格局，主要有氧化乐果、水胺硫磷、敌敌畏及拟除虫菊酯类等，此种情景已经持续了几十年。由于长期使用这类广谱性杀虫剂及杀菌剂，橘园所用的这些药剂失效或降低药效的现象时有发生，更换农药品种的事例频繁，害虫优势种群演变已多次发生，橘园病虫防治中依赖化学农药的倾向十分严重。至此，橘园中有益生物群落与害虫的发生处于极不平衡的状态，经重点系统的调查表明，控制橘全爪螨的有益天敌如各种捕食螨在以化防为主的橘园中极难找到，瓢虫类、六点蓟马、食蚜蝇、草蛉等虫口密度极低。近年大面积推广使用拟除虫菊酯类杀虫剂后，害虫对拟除虫菊酯类药剂的抗药性现象屡见不鲜，同时，还发现该类药剂对害螨的发生有促进作用。

1.3 化防为主橘园的主要弊端——害虫优势种群和常年流行病的相互干扰现象

当前因橘园中优势种群害虫和常年流行病防治通行化学防治法，而化学防治方法所使用的药剂多数为广谱杀虫剂和杀菌剂，不论防治害螨，还是防治其他优势种群害虫和常年流行病，都在不同程度上杀伤害螨的天敌，使害螨产生抗药性，并对害螨的繁殖起着促进作用。出现橘园优势种群害虫和常年流行病化防中的相互干扰现象，其干扰的主要方向是害螨，这

---

* 李学斌（1966~ ），男，浙江省台州市椒江区林业特产总站高级农艺师，椒江区首席农技专家，一直从事水果技术推广工作

是引起害螨再增猖獗的主要原因；而其他优势种群害虫和常年流行病化防中的相互干扰则是次要的。害虫，特别是害螨的再增猖獗已成为当前害虫防治上的头等大事。因此，解决橘园生态系日益恶化现象，改换橘园使用的药剂品种结构已成为研究的主要课题。

2 选择性药剂筛选和组合配套技术的田间效益

2.1 选择性药剂的药效筛选结果

2.1.1 对橘全爪螨药效

国内外 30 种杀虫、杀螨剂经室内外药效的筛选结果表明，在一定稀释倍数下，多数药剂在药后 48 小时一般能获得理想的效果。田间示范试验表明，杀灭橘全爪螨成、若螨效果好及有效期长的药剂和使用浓度有日本曹达公司产的 5% 尼索朗液剂 3 000 倍液、美国陶氏公司产的 50% 普特丹（三环锡）可湿性粉剂 3 000 倍液（生产厂已于 1987 年 9 月 4 日向中国撤消登记）、西德拜耳公司产的 25% 倍乐霸（三唑锡）可湿性粉剂 1 000~1 500 倍液、英国壳牌公司产的 50% 托尔克（螨完锡）可湿性粉剂 2 000~3 000 倍液、美国有利来路公司产的 73% 克螨特（丙炔螨特）乳油 2 000~3 000 倍液、上海农药研究所研制的 20% 螨死净（Clofentezine）水悬剂 3 000 倍液等，它们的有效期一般在 30~60 天。

2.1.2 其他优势种群害虫药剂的筛选结果

防治蚧类药剂选以柑橘红蜡蚧为代表的材料，对一至二龄幼蚧效果在 90% 以上有水胺硫磷、氧化乐果、稻丰散、机油乳剂、氰久合剂（有机磷复配剂）和果丰灵、松碱合剂、喹硫磷以及其他类似松碱合剂的新制剂如融杀蚧螨等 10 种。防治柑橘蚜虫类以叶蝉散、溴虫乳油、氰久合剂等较优，它们可克服当前存在的蚜虫类对拟除虫菊酯类抗药性问题。防治柑橘潜叶蛾以英国壳牌公司产的 5% 卡死克（WL-115110）浓可溶剂、日本石原公司产的 5% 抑太保（IK-7899）乳油、日本三菱化成公司产的 5% 农梦特乳油和美国 FMC 公司产的 10% 天王星（Tals-tar）乳油等较优。

2.1.3 对捕食螨毒力的测定

有选择性地取新选的和常用的杀虫、杀螨剂对虚伪钝绥螨（*Amblyseius fallacis* GArann）和江原钝绥螨（*Amblyseius eharai* Amitai &swi-ki）进行室内毒力测定。对虚伪钝绥螨的毒力测定在尼索朗、普特丹、托尔克、杀灭菊酯、杀虫脒、氧化乐果及三氯杀螨醇 7 种药剂中仅尼索朗、普特丹和托尔克 3 种药剂属低毒或无毒。对江原钝绥螨毒力测定，除上述 7 种药剂外，另增加螨死净、机油乳剂、柴油乳剂、水胺硫磷及融杀蚧螨 5 种药剂。在 11 种药剂中仅尼索朗和托尔克 2 种药剂对雌螨和卵的毒力最低，药后 24 小时死亡率分别在 0~9.3% 和 1.92%~2%；三氯杀螨醇对雌成螨死亡率为 11.64%，但对卵的杀伤力高达 100%；其次是柴油乳剂、机油乳剂、螨死净、杀灭菊酯对雌成螨的死亡率分别在 20.3%~29.5% 之间。其余药剂的毒力很高。

2.1.4 对橘全爪螨繁殖影响的测定

以新选的 3 种新杀螨剂尼索朗、托尔克和倍乐霸及供试药剂使橘全爪螨雌成螨致死的中浓度以下浓度处理橘全爪螨的若螨、雌成螨和卵，观察其雌成螨寿命、产卵量、卵的孵化率及孵化速率等。测定结果表明，筛选出的 3 种杀螨剂和对照药剂三氯杀螨醇对橘全爪螨的繁殖没有促进作用，而拟除虫菊酯类药剂对橘全爪螨的繁殖有促进作用，其表现是延长雌成螨的寿命，增加产卵量及卵的孵化速率的作用。

2.2 选择性药剂组合配套技术田间应用效益

2.2.1 杀虫效果

示范园试验结果，采用尼索朗（或托尔克）—柴油乳剂为主，停用有机磷杀虫剂或叶蝉散—尼索朗—柴油乳剂—卡死克为主，停用有机磷杀虫剂，防治柑橘上四大类优势种群害虫和害螨；常年流行的疮痂病仍采用波尔多液和多菌灵交替使用，均获得良好的杀虫和防病效果。其药效与常规农药园相同或明显优于常规农药园。

2.2.2 选择性药剂组合配套技术示范试验园的生态效益

由于采用改变橘园有机磷农药频繁使用的局面，橘园生态得到改善，有益天敌明显增加，橘园区瓢虫、草蛉等对柑橘蚜虫的发生得到一定程度的控制，在柑橘花期前后可避免或减少用药次数，每亩可节约防治蚜虫类费用30余元。示范园停用有机磷药剂一年后，全年各种有益天敌明显增加。由上可知，以组合配套的选择性药剂代替有机磷为主的广谱杀虫杀螨剂的旧格局是具有良好的杀虫效果，同时，具有明显的经济效益和生态效益。

3 小结

从橘园生态现状研究结果表明，近40年来橘园害虫、害螨的优势种群已发生多次的演变，橘园使用的以广谱性杀虫、杀螨剂及广谱的杀菌剂为主组成的农药品种格局，对有益天敌杀伤很大，橘园有益天敌的种群遭到严重破坏，密度极低，害虫相和天敌相明显失调，橘园病虫防治变得越来越依赖于化学农药，改变这种广谱性杀虫、杀螨剂为主的农药品种结构及以依赖化学农药为主的旧格局势在必行。采用选择性农药为主的新农药组合配套技术的田间应用结果表明，它具有良好的杀虫效果，明显的经济效益、生态效益及社会效益，可逐步组织推广。

台州市柑橘木虱的发生规律及防治技术

王洪祥[1]　龚洁强[2]　李学斌[3]*

（1. 浙江省柑橘研究所，台州黄岩　318020；2. 台州市黄岩区林特局；3. 台州市椒江区农业林业局）

柑橘木虱（*Diaphorina citri* Kuwayama）不仅是重要的柑橘害虫，而且是柑橘黄龙病的传播媒介。由于近 10 多年我国橘区冬季平均气温呈显著上升的趋势，严冻年份很少，该虫的抗寒力增强，生活习性和发生情况也发生了一些变化。该虫逐渐向北迁移，多数年份能在新的寄生地完成世代发育。为有效地控制该虫的发生，现将该虫在浙江省台州市的发生规律和防治技术简述如下。

1　发生规律

1.1　发生代数

在台州一年发生三至七代，其中，台州南部和东部沿海地区一年发生五至七代，台州的中部和北部沿海地区一年发生三至五代。

1.2　分布

1985 年前浙江省把台州市划归木虱非分布区，柑橘木虱分布北缘仅达与台州市南部毗邻的永嘉、乐清等地。历史上只在温岭的个别橘园偶尔发现。到 1994 年，温岭一些橘园木虱大量增加。据 1996～1998 年调查，温岭、玉环、路桥、椒江、黄岩和临海均有分布，仅三门、仙居和天台未发现木虱。在 1999 年，在三门县也调查到木虱。到 2001 年，在天台和仙居也发现木虱，也就是说，台州市全境几乎已成为木虱分布区。柑橘木虱向北迁移的趋势非常明显。

1.3　发生特点

成虫在叶片及嫩芽上取食。若虫在嫩梢、嫩叶及芽上取食。被害新叶畸形，重者整个芽梢干枯。若虫肛门上排出的白色分泌物能诱发煤病，影响光合作用。成虫寿命长，6～12 月世代明显重叠。木虱卵、若虫发生高峰期与柑橘抽梢期相一致。在越冬地，4～5 月和 8～9 月是若虫发生的高峰期。一般说来，树势强的抽梢整齐，不利于木虱长期产卵和生存，发生较轻，反之严重。成虫在叶片背面发生较多，取食时体后部翘起，成虫与叶片约成 45°角，栖息时 40°角左右。成虫将卵产于嫩梢芽缝、叶腋、未展开叶和花蕾上。雌雄性比为（1.06～1.18）：10。

1.4　与品种的相关性

以甜橙、脐橙、温州蜜柑和椪柑上虫口最多。1998～1999 年均于 4 月下旬调查，这 4 个品种的重发园，平均每个嫩梢上成虫和若虫的数量分别为 19.3、18.9、16.7、14.2 头，

---

* 李学斌（1966～　），男，浙江省台州市椒江区林业特产总站高级农艺师，椒江区首席农技专家，一直从事水果技术推广工作

本地早蜜橘、早橘、榲橘和柚类次之,虫量分别为4.9、4.4、4.0、3.7头,金柑、构头橙和枳最少,虫量不到0.1头。

1.5 越冬存活与气温的相关性

越冬存活率与1月气温及年极端最低温呈正相关。据对黄岩区的调查,1998年1月平均气温为7.0℃(当地气象部门资料,下同),1月和2月出现-3℃的极端最低气温各1次,1997~1998年度成虫越冬存活率为5.6%~11.7%。1999年1月平均气温为8.5℃,1月和2月各出现-2℃的极端最低气温各1次,1998~1999年度成虫越冬存活率为8.4%~13.2%。1999年12月21日~23日连续3天出现-5℃的低温,12月24日为-3℃,2000年1月平均气温是7.7℃,1月27~28日连续2天出现-4℃的低温,1999~2000年度成虫越冬存活率为零。1997~1998年还偶尔调查到自然越冬存活的若虫。

2 防治技术

2.1 检疫防治

严禁从黄龙病疫区引进柑橘苗木、接穗及芸香科的其他植物,杜绝病毒源和带毒木虱的人为扩散。

2.2 农业防治

在同一果园内尽量栽种单一柑橘品种。春季疏摘春梢,夏季尽可能摘除全部嫩梢,秋季摘除早、晚秋梢,统一放秋梢,剪除木虱为害严重的枝梢并拿出园外烧毁,降低木虱发生基数。提倡禁种九里香等木虱越冬的寄主植物。

2.3 化学防治

各县、市或区的测报部门认真做好对木虱的监测工作,并将资料及时上报给市植保部门,由市植保部门对监测资料分析整理后,准确发布防治情报,政府发文,用化学农药进行统一联防。具体防治上台州南北应有时间差,以黄岩永宁江为界,永宁江以北地区比南部迟3~10天喷药防治。一般来说,在越冬年,4月中旬至5月上旬和8月上旬至9月中旬是重点防治时期;在非越冬年,7~10月为主要防治时期。防治药剂可交替选用10%吡虫啉WP(可湿性粉剂,下同)2 000倍液、1%灭虫灵EC(乳油,下同)2 000倍液、拟除虫菊酯类EC 2 000倍液、25%扑虱灵WP 1 000倍液或10%啶虫脒EC 1 200倍液等。每个时期应防治2次,时间相隔10~15天。每次防治成本一般为450~600元/公顷(30~40元/亩)。

柑橘炭疽病的发生与防治

李学斌[*]

（浙江省台州市椒江区农业林业局，台州　318000）

摘要：通过多年的观察和示范，总结柑橘炭疽病的发生为害症状、发生规律、影响因素以及防治技术。

关键词：柑橘；炭疽病；防治技术

柑橘炭疽病是柑橘上的一种重要病害，主要为害柑橘的梢、叶、果，造成叶焦、枝枯、果落，严重影响柑橘的树势和产量，尤其是在柑橘果实成熟期受害，常造成严重的经济损失。通过多年来的观察和示范，已充分认识柑橘炭疽病的发生为害特征，并提出柑橘炭疽病的防治措施，实用性强，推广应用价值高，成效十分显著。

1　柑橘炭疽病发生为害的症状

1.1　叶片

1.1.1　叶斑型

多发于老熟叶片或潜叶蛾受害叶，干旱季节发生较多，病叶脱落较慢，病斑轮廓明显，近圆形或不规则形，病斑直径3~14毫米，多从叶缘及叶尖开始发病，由淡黄或浅灰褐色变成褐色，病健部界限明显，后期干燥时病斑中部变为灰白色，表面稍突，密生呈轮纹状排列的小黑点（即分生孢子盘），如遇潮湿天气，这些小黑点上会产生大量红色液点（即分生孢子）。

1.1.2　叶枯型

发病多从叶尖或叶缘开始，初期呈青色或青褐色开水烫伤状病斑，并迅速扩展为水渍状、边缘不清晰的波纹状近圆形或不规则的大病斑，一般直径30~40毫米。严重时感染大半叶片，病斑自内向外色泽逐渐加深，略显环纹状，外围常有黄晕圈。

1.1.3　青枯型

多发生于老熟叶片，受持续高温、干旱天气的影响，发病叶成枯萎失水状态，叶片卷缩、脱落。

1.2　枝梢

病斑常发生在叶柄基部腋芽处，褐色，椭圆形或长棱形。当病斑环梢一周时，病梢由上而下枯死，上散生黑色小斑点，病梢上的叶不易脱落。发病期遇连续阴雨天气，也会出现"急性型"症状，即发生于刚抽生的嫩梢顶端3~10厘米处，似开水烫伤状，3~5天后枝梢及嫩叶凋萎变黑枯死。3年生以上的枝梢，病健部很难分辨，敲开树皮，才可看到发病

---

　* 李学斌（1966~　），男，浙江省台州市椒江区林业特产总站高级农艺师，椒江区首席农技专家，一直从事水果技术推广工作

部位。

1.3 苗木

大多离地面6~10厘米或嫁接口处发病，产生深褐色的不规则病斑，严重时可引起主干上部的枝梢枯死，也有从嫩梢一、二片顶叶开始发病，症状如枝梢"急性型"，自上而下蔓延，使整个嫩梢枯死。

1.4 果实

1.4.1 僵果型

一般在幼果直径10~15毫米时发病，初生暗绿色油渍状，稍凹陷的不规则形病斑，后扩大至全果，天气潮湿时长出白色霉层和橘红色黏质小液点，以后病果腐烂变黑，干缩成僵果，悬挂于树上或凋落。

1.4.2 干疤型

在干燥条件下，果实近蒂部至果腰部发生圆形、近圆形或不规则形的黄褐色至深褐色病斑，稍凹陷，皮革状或硬化，病健部界限明显，为害仅限于果皮，成干疤状。

1.4.3 泪痕型

在连续阴雨或潮湿天气条件下，大量分生孢子通过雨水从果蒂流至果顶，侵染果皮形成红褐色或暗红色微突起小点组成的条状型泪痕斑，不侵染果皮内层，影响果实外观。

1.4.4 果腐型

主要发生于贮藏期果实和果园湿度大时近成熟的果实上，遭冷害（霜害）的影响，大多从蒂部或近蒂部开始发病，也可由干疤型发展为果腐型，病斑初为淡褐色水渍状，后变为褐色至深褐色腐烂，果皮先腐烂，后内部果肉变为褐色至黑色腐烂。

2 柑橘炭疽病的发生规律

以菌丝体和分生孢子在病部越冬，也可以菌丝体在外表正常的叶片、枝梢、果实皮层内成潜伏侵染状态越冬。浸染循环有2种方式，相互交叉进行。

第一种是病部越冬的菌丝体和分子孢子盘，在翌年春环境适宜时（本菌生长的适宜温度9~37℃，最适为21~28℃），病组织产生孢子借风雨或昆虫传播，经伤口和气孔侵入寄生引起发病。初次侵染源主要来自枯死枝梢、病果梗。分生孢子全年可以产生，尤以当年春季枯死的病梢上产生数量最多。侵入寄生的病菌具有潜伏的特性，潜伏期长短因温度而异，最短的3天，长的半年至1年，多数为1个季度。

第二种侵染循环方式的病源来自体表正常的叶片、枝梢和果实皮层等。发病与干旱环境条件和树体本身的抗病能力密切相关。

3 影响柑橘炭疽病发生因素

柑橘炭疽病发生期长，症状类型复杂，影响发病程度的因素也很多，主要有以下几种。

3.1 品种

早熟温州蜜柑、椪柑等发病较重，其次是橙橘、本地早，中晚熟温州蜜柑、胡柚等发病较轻。

3.2 挂果量

同一柑橘品种，挂果量多的树，发病重，反之，挂果量适中或少的树，发病轻。

3.3 管理

橘园管理精细，树势强的，发病轻，反之管理不善，病虫发生为害而造成树势衰弱的橘园，发病重。

3.4 气候

发病与气候环境条件和树体本身的抗病能力密切相关。高温高湿、涝害、旱害、冷害时发病重，尤其在柑橘遭遇台风洪涝或持续高温干旱天气以及树体受冻后，树势衰弱，容易爆发，要及时做好预防。

4 防治技术

4.1 防治适期

花谢2/3、台风暴雨等灾害性天气过后的果实生长期、果实成熟前期。

4.2 防治措施

4.2.1 物理防治

加强栽培管理，增强树体的抗病能力。橘园深翻改土，增施有机肥和磷、钾肥，避免偏施氮肥，及时抗旱、排涝、防冻（霜）、防虫等工作。做好清园工作，减少病源。冬、春季结合修剪，剪除病虫枯枝，扫除落叶、落果和病枯枝，集中烧毁。

4.2.2 化学防治

从柑橘谢花后开始，可结合柑橘疮痂病和柑橘黑点病等防治，选用78%波尔锰锌可湿性粉剂（科博）600～800倍液或80%代森锰锌可湿性粉剂（喷克、大生）500～600倍液等进行防治。如发病较重，可选用25%溴菌清（炭特灵）可湿性粉剂600～800倍液或25%咪鲜胺乳油800～1 000倍液等进行防治。

4.3 防治注意事项

防治柑橘炭疽病，在发病症状表现后再进行喷药防治，往往效果不甚理想，在防治策略上，应预防为主，可结合柑橘疮痂病和柑橘黑点病的防治同时进行。

对柑橘炭疽病常发园块和重发园块，在发病期，要每隔7～10天喷药1次，连喷2次以上。

在药剂防治柑橘炭疽病的同时，混喷磷酸二氢钾和有机腐殖酸类等营养液进行根外追肥，既能补充树体营养，增强树势，提高抗病力，又能保证防效。

对于果实发育后期柑橘炭疽病的防治，若使用粉剂类药剂防治，易在果面产生药斑而影响果实外观品质，所以宜选择水剂、微乳剂或乳油类药剂进行防治。

临海市柑橘树脂病的发生及防治措施

朱建军[1]　颜丽菊[2]*　马志方[3]

（1. 浙江省临海市白水洋镇农业综合服务中心，临海白水洋　317031；
2. 临海市特产技术推广总站；3. 临海市尤溪农业综合服务中心）

摘要： 介绍了临海市柑橘主要病害树脂病的发病症状及发生特点，并提出相应的综合防治措施，以期为柑橘树脂病的防治提供参考。

关键词： 临海；柑橘树脂病；为害症状；发病特点；防治措施

临海是中国无核蜜橘之乡，全市现有柑橘面积 20 万亩，其中，温州蜜柑占 95% 以上，年产柑橘 25 万吨，产值 5 亿多元，是农民经济收入的主要来源。但近年来，柑橘树脂病为害日趋严重，特别是近几年推广完熟采收、设施栽培、树势中庸管理等一系列提高橘果内在品质的技术措施后，橘果的内在品质明显提高，但也造成了柑橘树势趋弱，特别是遇到台风、冻害、幼果期连续多雨等灾害性天气后，会导致树脂病特别是果实的黑点病大范围发生，严重影响柑橘的外观品质、树势，严重的橘树整株死亡，对橘农造成不少的损失，已上升为柑橘的主要病害。

1　为害症状

柑橘树脂病，俗称"烂脚病"。此病主要为害枝干、果实、叶片和嫩梢，在枝干上发生的称树脂病或流胶病；在幼果、叶片和嫩梢上发生的称黑点病或砂皮病；在成熟果实和贮藏果实上发生的称褐色蒂腐病。

1.1　流胶型和干枯型

枝干受害后，表现为流胶和干枯两种类型。流胶型最初病部呈现灰褐色水渍状，组织变松软，皮层上有细小的裂纹，接着渗出褐色胶液，并有类似的酒糟味。高温干燥情况下，病部逐渐干枯、下陷，边缘皮层干枯坏死翘起，死皮脱落，木质部裸露。干枯型病部无显著流胶现象，皮层为红褐色，干枯略下陷微有裂缝，但皮层不很快脱落，病、健部交界处有一条明显隆起的界限。两种症状病菌都能透过皮层侵染木质部，使木质部变成浅灰褐色，并在病、健交界处形成一条黄褐色或黑褐色的痕带。病斑表面或表皮下密生黑色小粒点（即分生孢子器）。

1.2　砂皮或黑点型

叶片、新梢及未成熟的果实受害后，表面产生许多散生或密集的黄褐色或黑褐色硬胶质小粒点，手摸有粗糙感，像黏着许多细沙，故又称砂皮病。

---

* 颜丽菊（1964~　），浙江省临海市特产技术推广总站高级农艺师，临海市水果首席农技专家，一直从事水果技术推广工作

1.3 褐色蒂腐病

主要为害成熟果实，贮藏期较多。首先从果蒂产生小溃状圆形褐色病斑，随后病斑扩大，向脐部发展，边缘呈波纹状，果心腐烂比果皮快，当果皮 1/3～1/2 腐烂时，果心已全部腐烂，故又叫"穿心烂"。

2 发病特点

本病病原菌为一种子囊菌，以菌丝和分生孢子器（病部小褐点）在病树组织内越冬，次年春天产生分生孢子，借风雨及昆虫传播，由伤口（风伤、冻伤、灼伤、剪口伤、虫伤等）侵入。本病发生与气候、树势等均有密切关系，台风、冻害后，枝干伤口增多，易诱发树脂病，如 2004 年云娜台风、2008 年大冻后，加剧了此病发生。5～6 月及 9～10 月，月平均气温在 18～25℃，阴雨天气多，有利于病菌的活动，果实砂皮病或黑点病发病率就高，如 2011 年早熟温州蜜柑黑点病发病率达 80% 以上。老树、衰弱树、枯死枝多易感病。不同品种对树脂病的抗病性也有差异，以温州蜜柑、甜橙和金柑发病较严重，其次为椪橘、朱红、乳橘和早橘，本地早抗病性较强。

3 防治措施

3.1 果园管理

3.1.1 加强栽培管理

增强树势，提高树体抗病力，特别要注意防台、防冻、防旱涝、防日灼，避免造成各种伤口，避免或减少病菌侵染。

3.1.2 增施有机肥

山地橘园，幼年树施 1～2 次腐熟有机肥（如猪牛栏、鸡栏、鸭栏、兔粪、饼肥等），对改良土壤，促进幼树生长很有好处。结果树则以适量增施腐熟兔粪为宜，不宜过多施用有机肥，否则会降低品质。

3.1.3 主干涂白

入冬、盛夏前，将主干、主枝涂白，增强树体反射能力，减少昼夜温差，避免"日烧夜冻"，同时，可杀灭多种越冬病菌及虫卵。涂白剂的配比为：硫黄：食盐：植物油：生石灰：水 =0.25：0.1：0.1：5：20，先将硫黄粉与生石灰充分拌匀后加水溶化，再将溶化的食盐水倒入其中，并然后加植物油和水，充分搅拌均匀成糊状即成。

3.1.4 树盘覆盖

冻害来临前，在橘树树盘覆盖作物秸秆或杂草，厚度约 10 厘米，四周用土压实、压严，或培客土，厚度 20 厘米左右。

3.1.5 冬、春季清园

早春结合修剪，彻底剪除病枝、枯枝，剪口涂保护剂，剪下的病枯枝集中烧毁。树冠、地面喷洒波美 0.8～1 度石灰硫磺合剂或晶体石硫合剂 80～120 倍液，杀灭越冬病原菌和虫卵。

3.2 病斑刮治

对已发病的树，可在春季用利刀彻底刮除病斑组织，周围超出病斑 1 厘米左右，并纵横划数条裂口至木质部。用新鲜的牛粪中加入 70% 的甲基托布津 50 倍液搅拌成浆糊状，涂抹伤口，或用 402 抗菌剂或过氧乙酸等药剂，连续涂药 2 次，间隔 15 天。

3.3 化学防治

5 月上旬花谢 2/3 时，用 70% 甲基硫菌灵 600～800 倍液喷 1 次，幼果期至果实膨大期，每隔 20～25 天喷 1 次，连喷 3～4 次，药剂可选用代森锰锌类（80% 山德生、80% 大生、80% 喷克、75% 蒙特森）等可湿性粉剂 600 倍液或 40% 福星乳油 4 000 倍液或 30% 显粹乳油 4 000 倍液，以上药剂应交替轮换使用，以防止产生抗药性，提高防治效果。同时，具体要根据 5～8 月天气情况而定，天气晴朗、雨水少则可少喷几次。

3.4 防止果实贮藏期腐烂

果实适当早收，并剔除病、伤果实，然后包装入箱贮藏。

杀螨王对柑橘害螨致死形态、毒力和药效的研究

陈道茂[1]　陈卫民[1]　陈椒生[1]　陈荣敏[2]　李学斌[3]*　郑　毓[4]

（1. 浙江省科学院柑橘研究所，黄岩　317400；2. 黄岩市橘果病虫测报站；

3. 椒江区农业林业局；4. 黄岩市城关镇北城办事处）

苯氧基吡唑类的 Fenpyroximete 药剂具有候选新杀螨剂功能，是 1985 年日本农药株式会社首先发现，而后并研制成功一种商品叫"霸螨灵"（代号 NNI-850）的新杀螨剂。在我国，浙江黄岩农药厂也于 1992 年底率先研制成功并通过登记，商品名为"杀螨王"。笔者受厂方委托进行该药剂对柑橘害螨的致死形态、毒力及药效的研究，现将研究结果报告如下。

1　材料与方法

1.1　材料

1.1.1　供试药剂

5% 杀螨王悬浮剂 SC 和乳油 EC 由黄岩农药厂提供。对照药剂有 5% 霸螨灵悬浮剂 SC，系日本农药株式社产品；20% 速螨酮可湿性粉剂 WP，系日本日产化学工业株式会社产品，15% 杀螨灵乳油 EC，系江苏省太仓市农药厂和黄岩市长江实业有限公司联合生产的产品。

1.1.2　供试害螨

橘全爪螨（*Panonychus citri*）和橘锈螨（*Phyllocoptesoleivora*），取自黄岩和椒江橘区。

1.1.3　供试叶片

供饲养橘全爪螨的柑橘叶片系柠檬和温州蜜柑嫩叶，采自浙江省科学院柑橘研究所橘园。

1.2　方法

1.2.1　死螨观察

5% 杀螨王两剂型均为 2 000 倍液，以 5% 霸螨灵 SC　2 000 倍液和 15% 杀螨灵 EC　3 000 倍液对照药剂及空白对照处理橘全爪螨成螨，在 24 小时和 48 小时后分别观察成螨死亡时变形个体的比例，及死螨形态变化等。

1.2.2　毒力测定

以橘全爪螨为材料，各制剂分别单独进行。测定时分别设空白对照以求校正死亡率。测定前，先以粗档次摸索剂量与死亡率之间的关系，然后正式进行试验，室内饲养的橘全爪螨取田间雌成螨，用离体柑橘叶片饲养，然后将叶片排列于上面盖有清洁黑布的塑料块上，放在长形瓷盘中，盘内加水以保持叶片湿润。卵测定，以雌成螨所产 2 天的卵为材料。LC_{50} 测

*　李学斌（1966~　），男，浙江省台州市椒江区林业特产总站高级农艺师，椒江区首席农技专家，一直从事水果技术推广工作

定方法按常规。

1.2.3 田间药效试验

橘全爪螨和橘锈螨试验方法基本相同。以5%霸螨灵SC 2 000倍液、20%速螨酮WP 3 000倍液或15%杀螨灵EC 3 000倍液为对照药剂，并设不施药为空白对照。每次处理3株，重复3次，随机排列。使用单管喷雾器喷遍全株树冠叶片。施药前在每株树冠的不同方位，用同样方法检查结果。死螨以体形干瘪，体色变为黑褐色或足收缩为标准。体形、体色未变者以活螨计。调查存活虫数，换算减退率，计算防治效果。

2 结果

2.1 药剂引起橘全爪螨死亡形态的变化

Fenpyroximate SC 制剂，不论杀螨王，还是霸螨灵，在药后24～48小时内部分死螨具有不变形、不变色的特性。此时螨体和足不变形，不变色，易错认为活螨，结果表明（表1），未变形和未变色螨体占9.27%～13.90%；而哒嗪酮类的15%杀螨灵EC与其相反，在药后24～48小时内，两者易于区分。然而杀螨王EC则具有哒嗪酮类相同的性质，死、活螨体易于区分，速效性好。

表1 Fenpyroximate 制剂室内引起橘全爪螨死亡的形态变化（1993 年）

药剂名称	24 小时死亡率（%）				48 小时死亡率（%）			
	观察虫数（头）	变形虫体	未变形虫体	累计死亡率	观察虫数（%）	变形虫体	未变形虫体	累计死亡率
5% 杀螨王 EC	105	100.00	0	100.00	98	100.00	0	100.00
5% 杀螨王 SC	106	71.70	11.30	83.0	97	81.80	9.27	91.07
5% 霸螨灵 SC	115	76.50	13.90	90.40	86	81.40	11.63	93.03
15% 杀螨灵 EC	115	100.00	0	100.00	99	100.00	0	100.00
CK（清水）	99	7.60	0	7.60	88	13.64	0	13.64

注：供式的杀螨王，霸螨灵使用倍数均为2 000倍液，15%杀螨灵为3 000倍液；试验时室温21～22℃

2.2 对橘全爪螨的毒力

由表2可见，杀螨王EC、SC两种制剂对雌成螨LC_{50}（2天）分别为0.2861和0.9100毫克/千克，对卵LC_{50}（7天）分别为0.5530和12.2630毫克/千克；霸螨灵SC对雌螨和卵LC_{50}分别为0.9083和9.9961毫克/千克。由此可见，对雌成螨和卵的毒力，EC高于SC及对照药剂霸螨灵SC。

2.3 对柑橘害螨的药效

2.3.1 橘全爪螨

2.3.1.1 2天药效：由表3可见，5%杀螨王EC制剂2 000倍、3 000倍液与日本5%霸螨灵SC 2 000倍液及15%杀螨灵EC（20%速螨酮WP）3 000倍液的药效相似，其药效分别为92.40%、90.50%、90.93%和91.30%；而5%杀螨王SC制剂各浓度低于对照药剂，这可能与药效考察时体形、体色未变的死螨个体未计算在药效数据内有关。但要指出的是霸螨灵

SC 引起橘全爪螨死亡，在室内有致死而不变形的特效，而在田间此特性则表现不明显。

表 2　杀螨王两种制剂对橘全爪螨的毒力（1993 年）

供试螨态	供试药剂	毒力回归（$y = a + bx$）	LC_{50}（毫克／千克）	r 值
雌成螨	杀螨王 EC	$y = 2.3244 + 5.8609x$	0.2861	0.9186
	杀螨王 SC	$y = 2.5642 + 2.5389x$	0.91	0.98
	霸螨灵 SC	$y = 1.89637 + 3.3745x$	0.9083	0.912
卵	杀螨王 EC	$y = 3.6846 + 1.7711x$	0.553	0.9232
	杀螨王 SC	$y = 1.7000 + 1.5800x$	12.263	0.9902
	霸螨灵 SC	$y = 1.4713 + 1.7645x$	9.9961	0.9939

注：毒力数据，雌成虫螨为药后 2 天，卵为药后 7 天的观察值

2.3.1.2　有效期：从药后 10 天的药效看，5% 杀螨王 EC 2 000 倍、3 000 倍液，SC 1 500 倍、2 000 倍液的药效与 5% 霸螨灵 SC 2 000 倍液和 15% 杀螨灵 3 000 倍液相似，SC 3 000 倍液差于对照药效；药后 20～40 天药效的趋势与药后 10 天药效相似，但效果略差，有效期 30～40 天。

表 3　杀螨王两制剂防治橘全爪螨田间药效和有效期

药剂名称	使用倍数	药前虫数（头/叶）	药后虫数（头/叶）和防效（%）				
			2 天	10 天	20 天	30 天	40 天
5% 杀螨王 EC	2 000	2.30	0.15（92.40）	0.2（91.4）	0.3（92.7）	0.16（92.7）	1.07（69.2）
	3 000	2.87	0.27（90.50）	0.3（89.7）	0.32（91.4）	0.56（81.8）	2.30（46.9）
5% 杀螨王 SC	1 500	4.68	0.7（84.60）	0.7（85.3）	0.21（96.5）	0.3（94.0）	1.6（77.3）
	2 000	4.40	0.85（82.53）	0.5（88.8）	0.09（98.5）	0.19（96.0）	1.4（78.9）
	3 000	2.91	0.55（81.30）	0.83（72.0）	0.28（92.6）	0.49（84.3）	1.43（67.4）
5% 霸螨灵 SC	2 000	1.30	0.12（90.93）	0.13（90.2）	0.22（87.0）	0.15（89.3）	0.37（81.0）
15% 杀螨灵 EC	3 000	1.87	0.16（91.30）	0.19（90.0）	0.2（91.7）	0.44（78.1）	1.67（40.8）
CK（不施药）	—	1.79	1.47（—）	1.32（—）	2.32（—）	1.92（—）	2.70（—）

注：括号内数据为防治效果，螨体变形、变色者为死螨标准，未变形变色的螨体均以活螨论

2.3.2　橘锈螨

试验结果见表 4。5% 杀螨王 SC 2 000 倍、2 500 倍和 3 000 倍液药后 2 天的效果分别为 99.3%、99.0% 和 91.0%，各处理的效果优异，均与 5% 霸螨灵 SC 相仿。有效期观察结果，药后 40 天内，杀螨王 SC 2 000 倍液和 2 500 倍液的效果均保持在 95% 以上，而 3 000 倍液在 30 天内保持 90% 左右，40 天后立即下降。

表4　杀螨王防治橘锈螨田间效果和有效期观察（1993.8.17～9.27，黄岩）

药剂名称	使用倍数	药前虫数（头/叶）	药后虫数（头/叶）和防效（%）					
			2天	4天	10天	20天	30天	40天
5%杀螨王	2 000	49	0.2（93.3）	0.1（99.8）	0（100）	0.6（99.4）	1.9（98.7）	3（96.4）
	2 500	76	0.7（99.0）	0.4（99.6）	0.2（99.8）	0.9（99.4）	4.9（97.8）	5.9（95.4）
	3 000	38	2.6（91.0）	2.3（94.8）	1.7（96.6）	4.1（94.5）	13.3（88.2）	20（68.7）
5%霸螨灵（SC）	2 000	58	0.1（99.9）	0（100）	0（100）	0.4（99.6）	1.3（99.3）	2.8（97.1）
CK（不施药）	—	28	29.1（—）	33（—）	37（—）	55（—）	83（—）	47（—）

注：表中虫数系3个重复的平均值；括号内数据为防效

3　结论和讨论

研究结果显示，Fenpyximate SC制剂，不论杀螨王和霸螨灵都能引起橘全爪螨死亡，在短期内部分死螨个体具有体形、体色不变的特性，体形、体色变化较慢，未变的比例达到9.27%～13.90%。此点过去未见报告，容易引起田间药效考察时错觉误差。杀螨王对橘全爪螨的毒力，以LC_{50}大小表示，杀螨王EC高于SC和霸螨灵SC。对橘全爪螨的药效，小区试验药后48小时，5%杀螨王EC制剂2 000倍液和3 000倍液的防治效果高于对照药剂5%霸螨灵SC 2 000倍液和15%霸螨灵EC 3 000倍液却低于对照药剂。此点可能与杀螨王引起橘全爪螨死亡，部分死螨体形、体色未变有关。对橘锈螨48小时药效，杀螨王SC制剂2 000～2 500倍液效果优异，40天以内的药效均保持在95%以上，持效期长达40天左右，与5%霸螨灵SC 2 000倍液相仿，而3 000倍液的持效期短些，仅在30天以内。

灭虫灵防治柑橘潜叶蛾的效果简报

李学斌[*]

（浙江省台州市椒江区农业林业局，台州　318000）

柑橘潜叶蛾为柑橘上一种重要害虫。1996～1997年选用灭虫灵进行柑橘潜叶蛾的防治试验和生产上的大面积推广应用。现将试验和示范应用效果简报如下。

1　材料与方法

1.1　供试药剂

1%灭虫灵乳油（原名为7051杀虫素），浙江省海门化工厂生产；24%万灵液剂，美国杜邦公司产。

1.2　方法

在椒江三甲和葭芷分别选择温州蜜柑树为试材，设灭虫灵3 000倍、4 000倍、5 000倍、6 000倍液，万灵1 500倍液和空白对照处理，随机排列，重复3次，每处理分别于1996年9月3日和1997年9月17日用单管手动喷雾器进行喷射。喷药前每处理分别固定10个新梢，记录活虫数，喷药后48小时、96小时，分别调查各固定梢上的活虫数，计算虫口减退率和校正防效。喷药后20天，各处理随机选取10个新梢，按叶片受害程度的分级标准，即0级—无害、Ⅰ级—轻微受害、Ⅱ级—微卷、Ⅲ级—半卷、Ⅳ级—全卷，调查各级别的叶片数，计算护梢效果。

2　试验结果

2.1　灭虫灵对柑橘潜叶蛾幼虫的杀虫效果

用灭虫灵3 000～6 000倍液防治柑橘潜叶蛾幼虫，均有很好的杀伤效果。药后96小时的杀虫效果分别为100%、98.6%～100%、97.1%～97.3%、96.2%，均比万灵1 500倍液优，且各处理浓度间的药效差异也不明显（表1、表2）。

2.2　灭虫灵对柑橘新梢嫩叶的保护效果

从药后20天对柑橘秋梢受潜叶蛾为害情况的调查，灭虫灵3 000～5 000倍液对柑橘新梢均有很好的保护效果。护梢效果分别达到78.52%、62.19%、60.86%，比万灵1 500倍液的48.22%，分别高出30.30%、13.97%和12.64%，表现理想的护梢效果（表3）。

　＊李学斌（1966～　　），男，浙江省台州市椒江区林业特产总站高级农艺师，椒江区首席农技专家，一直从事水果技术推广工作

表1 灭虫灵对柑橘潜叶蛾幼虫的杀伤效果（1996.9.3～1996.9.7，椒江三甲）

处理	重复	喷药前虫数	药后96小时		平均虫口减退率（%）	校正防效（%）
			活虫数	虫口减退率（%）		
灭虫灵3 000倍	I	54	0	100	100	100
	II	39	0	100		
	III	45	0	100		
灭虫灵4 000倍	I	44	1	97.7	98.5	98.6
	II	35	0	100		
	III	45	1	97.8		
灭虫灵5 000倍	I	43	0	100	96.9	97.1
	II	46	2	95.7		
	III	39	2	94.9		
万灵1 500倍	I	35	1	97.1	96.9	97.1
	II	46	1	97.8		
	III	49	2	95.9		
空白对照	I	34	36	-5.9	-7.9	—
	II	46	49	-6.5		
	III	35	39	-11.4		

3 小结和讨论

通过1996年、1997年2年的田间药效试验，灭虫灵3 000～6 000倍液对柑橘潜叶蛾的低、高龄幼虫，均有很好的防治效果，其药效明显优于常用药剂万灵，为目前替代万灵和菊酯类农药防治柑橘潜叶蛾的一种理想药剂。据田间观察，灭虫灵除对柑橘潜叶蛾有效外，对柑橘凤蝶、柑橘锈壁虱、柑橘木虱、柑橘蚜虫等害虫也有很好的兼治效果，可作为柑橘害虫综防的一种选择性药剂加以开发利用。用灭虫灵防治柑橘潜叶蛾，经田间示范和生产上的大面积推广应用表明：第1次防治适期，以统一放梢后，梢长1～2厘米时喷药为宜。使用浓度：1%灭虫灵乳油以5 000～6 000倍液为佳。灭虫灵是一种无公害的抗生素农药，在柑橘上应用，具有效果好、毒性低、使用安全等特点，可在柑橘生产上全面推广应用。

表 2　灭虫灵对柑橘潜叶蛾幼虫的杀伤效果（1997. 9. 17 ~ 1997. 9. 21，椒江葭芷）

处理	重复	喷药前虫数	药后 48 小时				药后 96 小时			
			活虫数	虫口减退率（%）	平均减退率（%）	校正防效（%）	活虫数	虫口减退率（%）	平均减退率（%）	校正防效（%）
	Ⅰ	60	1	98.3			0	100		
灭虫灵 4 000 倍	Ⅱ	56	0	100	99.4	99.3	0	100	100	100
	Ⅲ	48	0	100			0	100		
	Ⅰ	43	2	95.8			2	95.8		
灭虫灵 5 000 倍	Ⅱ	44	2	95.5	94.4	93.9	0	100	97.3	97.3
	Ⅲ	50	4	92.0			2	96.0		
	Ⅰ	37	2	94.6			1	97.3		
灭虫灵 6 000 倍	Ⅱ	33	2	93.9	95.4	95.0	1	97.0	96.5	96.2
	Ⅲ	43	1	97.7			2	95.3		
	Ⅰ	50	3	94.0			1	98.0		
万灵 1 500 倍	Ⅱ	45	3	93.3	93.3	92.7	2	95.6	96.6	96.2
	Ⅲ	54	4	92.6			2	96.3		
	Ⅰ	47	43	10.6			41	12.8		
空白对照	Ⅱ	43	40	7.0	8.4	—	39	9.3	8.6	—
	Ⅲ	52	43	7.7			50	3.8		

表 3　灭虫灵对柑橘新梢的保护效果（1996. 9. 3 ~ 1996. 9. 23，椒江三甲）

处理	重复	调查叶片数	0	1	2	3	4	受害指数	平均受害指数	保梢效果（%）
	Ⅰ	78	62	8	2	1	0	6.70		
灭虫灵 4 000 倍	Ⅱ	66	52	7	4	2	1	10.61	8.89	78.52
	Ⅲ	82	68	7	5	2	0	9.35		
	Ⅰ	75	46	12	9	5	2	19.00		
灭虫灵 5 000 倍	Ⅱ	73	50	17	1	3	2	12.32	15.65	62.19
	Ⅲ	40	33	9	1	5	1	15.63		
	Ⅰ	66	44	6	7	7	2	18.56		
灭虫灵 6 000 倍	Ⅱ	62	38	9	5	0	0	15.32	16.20	60.86
	Ⅲ	51	32	12	4	2	1	14.71		
	Ⅰ	48	25	17	3	3	0	22.22		
万灵 1 500 倍	Ⅱ	44	26	13	4	1	0	18.18	21.43	48.22
	Ⅲ	53	27	18	4	4	0	23.90		
	Ⅰ	51	8	18	11	10	4	42.16		
空白对照	Ⅱ	62	14	19	10	11	8	41.94	41.39	—
	Ⅲ	63	14	20	11	13	5	40.08		

融杀蚧螨对柑橘清园的试验初报

李学斌[1]* 林继君[2]

（1. 浙江省台州市椒江区农业林业局，台州　318000；2. 浙江省台州市椒江区三甲农技站）

1989～1990 年应用融杀蚧螨进行柑橘清园试验，取得了较好的效果，为进一步做好柑橘清园开辟了新药源。

试验设融杀蚧螨 40 倍、60 倍、80 倍液，灭蚧 40 倍液（按 1：0.3 加碱），松碱合剂 10 倍液及清水对照 6 个处理。

1　试验结果

1.1　对柑橘红蜘蛛的防治效果

融杀蚧螨 40 倍液防效最好，药后 7 天防效达 93.76%，其他依次为融杀蚧螨 60 倍液、松碱合剂 10 倍液、灭蚧 40 倍液，防效分别为 90.74%、89.11%、87.25%。融杀蚧螨 80 倍液防效较差，仅 80.50%。喷后 15 天检查，松碱合剂和灭蚧药效要优于融杀蚧螨。如融杀蚧螨 80 倍液，防效降至 47.29%，比松碱合剂低 33.21%，融杀蚧螨 40 倍、60 倍的药效也都低于松碱合剂和灭蚧。

1.2　对柑橘长白蚧、糠片蚧、褐圆蚧的效果

药后 20 天调查，3 种清园药剂以融杀蚧螨略优，对长白蚧、糠片蚧、褐圆蚧的防效分别为 88.13%、88.75%、96.05%，比松碱合剂高 2.11%、9.47%、2.01%。3 种清园药剂对褐圆蚧效果较好，防效均在 90% 以上，但对长白蚧、糠片蚧效果差，防效在 90% 以下，其中，灭蚧 40 倍液对糠片蚧的防效 77.40%。另据观察，融杀蚧螨和松碱合剂对介壳虫的蜡质溶解性能优于灭蚧，使附着在树干上的介壳虫，死后易脱落。

1.3　对树干上地衣苔藓的杀伤效果

融杀蚧螨 40 倍液、松碱合剂 10 倍液、灭蚧 40 倍液对地衣苔藓的杀伤率为 100%，喷后树干由绿变褐。融杀蚧螨对地衣苔藓的杀伤率随着使用倍数的提高而下降，60 倍、80 倍液的杀伤率分别降为 70% 和 50%，树干仅部分转褐，褐中透绿。对照树干，则仍被地衣苔藓覆盖，呈鲜绿色。

1.4　对柑橘煤烟病的效果

融杀蚧螨等 3 种药剂对柑橘煤烟病均有较好的防效，喷后枝叶上的霉层剥落，树冠清洁有亮光。

---

* 李学斌（1966～　），男，浙江省台州市椒江区林业特产总站高级农艺师，椒江区首席农技专家，一直从事水果技术推广工作

2 讨论

融杀蚧螨为植物性农药，对人畜毒性很低，在自然界中易分解，对环境无污染，是柑橘清园较为理想的一种药剂。可直接掺水喷用，稀释时，要先盛足水，后逐步加入药剂，边加边搅拌；或先用热水将药剂溶解，再掺足水，避免药剂沉积，影响使用效果。融杀蚧螨用于柑橘清园，在春芽萌发前喷用，未发现有药害症状，使用较安全。

农不老防治柑橘蚜虫药效试验

李学斌[1]* 李学勤[2]

（1. 浙江省台州市椒江区农业林业局，台州 318000；2. 浙江省台州市椒江区葭芷办事处农林站）

柑橘蚜虫是为害柑橘新梢、嫩叶和花蕾的一种重要害虫，其发生量大，繁殖速度快，防治较为困难。1999 年 5 月引进农不老进行柑橘蚜虫（以棉蚜和橘蚜为主）药效试验和示范推广，证明该药剂对蚜虫有较好的防治效果和开发应用前景。

1 材料与方法

以椒江星明村 10 年生温州蜜柑为试材，设 3% 农不老乳油（又名啶虫脒，浙江省海正化工股份有限公司生产）2 000 倍、3 000 倍、4 000 倍液，3% 莫比郎乳油（日本曹达株式会社生产）2 500 倍液，10% 达克隆可湿性粉剂（又名吡虫啉，江苏省常州农药厂生产）3 000 倍液和对照（空白）6 个处理。随机排列，3 株树为一小区，重复 3 次。用手动背包式喷雾器进行树冠喷雾。喷药前及喷药后 1、3、7 天分别调查各定点定梢上的死、活蚜虫数（有翅蚜除外），计算虫口减退率和校正防治效果。

2 结果与分析

据调查，以农不老 2 000 倍液防治效果最好，喷后 1 天和 3 天分别达到 99.8% 和 100%；其次是农不老 3 000 倍液和达克隆 3 000 倍液，药效无显著差异，喷药后 3 天的防治效果分别为 99.3% 和 99.8%。莫比朗 2 500 倍液也表现较好的效果，喷药后 3 天为 98.1%（下表）。

表　农不老等农药对柑橘蚜虫的防治效果

处理	喷药前	喷药后 1 天			喷药后 3 天		
	虫数（头）	虫数（头）	减退率（%）	防效（%）	虫数（头）	减退率（%）	防效（%）
农不老 2 000 倍液	465.7	1.0	99.8	99.8	0	100	100
农不老 3 000 倍液	435.3	7.3	98.5	98.8	3.7	99.1	99.3
农不老 4 000 倍液	443.7	170.7	57.8	67.0	153.0	63.4	67.0
莫比朗 2 500 倍液	487.7	8.0	97.8	98.3	8	97.7	98.1
达克隆 3 000 倍液	555.0	6.0	98.9	99.1	1.7	99.7	99.8
对照（空白）	463.3	529.0	−27.8	—	565.3	−21.4	—

注：各项数据为 3 次重复平均值。喷药后 7 天由于高温和雨水影响，虫口自然死亡率很高，不再进行调查

---

* 李学斌（1966~ ），男，浙江省台州市椒江区林业特产总站高级农艺师，椒江区首席农技专家，一直从事水果技术推广工作

3 小结和讨论

通过田间药效试验和1 333.3公顷橘园的推广应用表明，3%农不老乳油2 000～3 000倍液防治柑橘蚜虫，喷药后3天的防治效果达到99.3%～100%，略优于3%莫比朗乳油2 500倍液和10%达克隆可湿性粉剂3 000倍液的防效，是与莫比朗、达克隆轮换使用于防治柑橘蚜虫的又一理想药剂。据多点试验示范观察，农不老药效持效期在15天以上，比其他药剂略长。经大面积推广应用，均未发现农不老对柑橘新梢嫩叶和花蕾有药害症状，但对蜘蛛、瓢虫等天敌有一定杀伤力，应尽量避免在天敌数量多时使用，或者在喷药时对新梢嫩叶进行挑治，减少对天敌杀伤。总之，农不老药效较好、持效期长、使用安全、成本较低，建议在生产上推广应用。

10%叶蝉散粉剂防治柑橘蚜虫药效试验

李学斌[1]*　　陈林夏[2]　叶开贵[2]

(1. 浙江省台州市椒江区农技推广中心，台州　318000；2. 浙江省台州市椒江区山东乡农科站)

柑橘蚜虫是新梢的重要害虫之一。目前，对常用的拟除虫菊酯和有机磷类农药，已失去敏感性，药效日趋下降。现将近年来杀蚜药剂筛选研究和大面积推广结果总结如下。

1　试材与方法

试验于 1989 年 4 月 15 日，在椒江市山东乡新欢村橘园进行。共设 10% 叶蝉散可湿性粉剂（杭州东风农药厂产）200 倍、300 倍、400 倍、500 倍液；20% 速灭杀丁乳油（日本住友化学工业株式会社产）2 000 倍液；50% 氧化乐果乳剂（杭州农药厂产）1 500 倍液；80% 敌敌畏乳剂（江苏南通农药厂产）1 000 倍液 7 个处理和清水对照。每处理 3 株，分别用单管喷雾器喷射，喷药前和喷药后的 24 小时、72 小时检查记载各处理的虫口数，计算其虫口减退率和防治效果。并观察药后对供试树的叶、柑橘花蕾的影响。

2　小区试验结果

10% 叶蝉散可湿性粉剂 200~400 倍液，对柑橘蚜虫类具有优异的杀虫效果。药后 24 小时药效分别在 99.12%~99.88%，72 小时药效分别在 99.12%~99.83%。500 倍液药后 24 小时和 72 小时分别为 89.54%、77.14%；50% 氧化乐果乳剂 1 500 倍和 80% 敌敌畏乳剂 1 000 倍液，药后 24 小时和 72 小时，杀虫效果分别为 94.91%、90.49%、98.89% 和 92.96%；20% 速灭杀丁乳油 2 000 倍液，完全失去杀虫效果。

另外，10% 叶蝉散可湿性粉剂 200~500 倍液，对柑橘春梢、嫩叶和花蕾均未见发生药害。

3　大面积推广应用结果

1989 年椒江市推广 10% 叶蝉散防治蚜虫，用药总数达 30 余吨。防治面积 36 000 亩（占全市柑橘总面积的 76.45%）。结果表明，10% 叶蝉散可湿性粉剂药源广，成本低，击倒力强，200~300 倍液药后 72 小时防效均在 99% 以上。同时，全市使用后，未见药害发生，且安全低毒，取得了良好的经济和社会效益。

---

* 李学斌（1966~　 ），男，浙江省台州市椒江区林业特产总站高级农艺师，椒江区首席农技专家，一直从事水果技术推广工作

柑橘潜叶蛾防治药剂筛选试验初报

李学斌[1]*　　林继君[2]　李新标[2]　邱云清[2]
(1. 浙江省台州市椒江区农业林业局，台州　318000；2. 椒江区三甲区农技站)

1　材料与方法

　　1990 年引进国外一些药剂新品种进行柑橘潜叶蛾防治试验。在椒江市五塘村选择水田种植 6 年生温州蜜柑为试材，设：①5% 卡死克乳油（WL-115110）2 000 倍液（英国壳牌公司）；②5% 抑太保乳油（1KⅠ-7899）3 000 倍液（日本石原工业株式会社）；③24% 万灵液剂 2 000 倍液（美国杜邦公司）；④罗速（RU38702）2 000 倍液（法国＜日本＞优克福公司）；⑤40.7% 乐斯本乳油 1 000 倍液（美国陶氏公司）；⑥2.5% PP321 乳油（功夫）3 000倍液（英国卜内门公司）；⑦20% 灭扫利乳油 2 000 倍液（日本住友化学工业株式会社）；⑧5% 来福灵乳油 3 000 倍液（日本住友化学工业株式会社）；⑨20% 中西杀灭菊酯乳油2 000 倍液（上海中西药厂）；⑩10% 叶蝉散可湿性粉剂 200 倍液（杭州东风药厂）；⑪25%杀虫双水剂 500 倍液（浙江余杭农药厂）；⑫清水对照 12 个处理，随机排列，重复 3 次。1990 年 8 月 7 日进行第 1 次喷药，隔 7 天再喷 1 次。喷药前每处理树分别选取 3～5 个新梢调查幼虫数，第 1 次喷药后 2 天、7 天分别记载活虫数，计算幼虫减退率。喷药后 30 天各处理随机选取 10 个新梢按叶片受害程度的分级标准，调查各级别的叶片数，计算护梢效果。

2　试验结果

2.1　柑橘潜叶蛾幼虫杀伤率

　　对柑橘潜叶蛾幼虫杀伤率，以卡死克、抑太保、万灵 3 种药剂最好，喷后 7 天防效分别为 100%、98.39%、92.89%；其次是罗速，喷后 7 天防效 87.0%。灭扫利等菊酯类农药和叶蝉散对低龄幼虫有一定效果，但对高龄幼虫较差，防效均在 50%～80%，低于常规药剂杀虫双的防效。乐斯本的防效最差，仅 44.0%。

2.2　护梢效果

　　药后 1 个月调查，卡死克、抑太保、万灵护梢效果最好，分别达 93.13%、90.39%、88.07%，其次是罗速，护梢效果为 83.25%。功夫等菊酯类农药的护梢效果均在 80% 以下，叶蝉散和菊酯类相近，来福灵的护梢效果最差，仅 62.22%，均不及常规农药杀虫双。

2.3　万灵的使用

　　万灵是一种新的氨基甲酸酯类药剂，用万灵 2 000 倍液防治柑橘潜叶蛾，杀虫和护梢效果分别达 92.89%、88.07%，且成本低，在柑橘上使用未发现药害，是一种较为理想的柑橘潜叶蛾防治药剂，但万灵属高毒农药，使用时必须注意安全。

---

　　* 李学斌（1966～　），男，浙江省台州市椒江区林业特产总站高级农艺师，椒江区首席农技专家，一直从事水果技术推广工作

倍硫磷防治柑橘花蕾蛆的效果简报

李学斌[1]*　朱和平[2]

(1. 浙江省台州市椒江区农业林业局，台州　318000；2. 浙江省台州市椒江农场)

近年来，柑橘花蕾蛆发生为害有逐年加重的趋势。六六六粉禁用，呋喃丹毒性高，可供选择使用的药剂种类较少。1994 年应用浙江省黄岩农药厂生产的 5% 倍硫磷粉剂进行柑橘花蕾蛆防治试验，并在 330 公顷果园开展推广示范，效果很好。

1　材料与方法

试材为台州市椒江农场三分场 37 年生本地早树，于 4 月 13 日在树冠周围撒药，设每亩用倍硫磷 3 千克、3% 呋喃丹颗粒剂 2.5 千克、4% 马敌可湿性粉剂 3 千克及空白对照 4 个处理。每处理 9 株树，随机排列，重复 3 次。施药时可拌入细土撒于土面，也可将药剂装入纱布袋内，用木棒敲打布袋撒于地面。施药需周到均匀，路边、沟边不能遗漏。5 月 5 日调查花蕾受害率，计算防治效果。

2　结果和讨论

结果表明，倍硫磷、呋喃丹、马敌粉处理的花蕾受害率分别为 12.1%、24.8% 和 28.6%，防治效果分别为 80.2%、59.3% 和 53.1%，对照的花蕾受害率高达 61%。3 种药剂间防治效果差异相当明显。倍硫磷粉剂防治柑橘花蕾蛆效果好，成本低，使用安全，是替代六六六粉、呋喃丹防治花蕾蛆的一种理想药剂。

* 李学斌（1966~　），男，浙江省台州市椒江区林业特产总站高级农艺师，椒江区首席农技专家，一直从事水果技术推广工作

施保功防治柑橘贮藏期病害试验

李学斌*

（浙江省台州市椒江区农业林业局，台州　318000）

施保功是一种新型的咪唑类广谱杀菌剂。受德国艾格福公司的委托，用于柑橘贮藏期病害的防治试验，取得了很好的效果，现简报如下。

1　材料与方法

1.1　供试药剂

50%施保功可湿性粉性剂，德国艾格福中国有限公司提供；25%施保克乳油，德国艾格福公司生产；40%百可得可湿性粉剂，大日本油墨化学工业株式会社生产。

1.2　方法

1996 年 12 月 2 日选自椒江三甲的满头红和东山的橙橘为试材，设施保功 1 000 倍、1 500 倍、2 000 倍液，施保克 800 倍液，百可得 2 000 倍液和空白对照 6 个处理，每处理橘果15 ~ 20 千克，随机排列，重复 3 次。用不同浓度的药液浸果 1 ~ 2 分钟，捞起后分别装入四周垫有报纸的纸板箱，置室内常温贮藏。每隔 1 个月检查 1 次，剔除病烂果，记录各种病害引起的烂果数，计算病果率和防效。

2　试验结果

2.1　施保功对柑橘贮藏期病害的防治效果

50%施保功可湿性粉剂 1 000 ~ 2 000 倍液用于柑橘贮藏保鲜，对控制橙橘和满头红的贮藏期病害均有很好的效果。据药后 70 天、100 天的调查，施保功对橙橘和满头红的贮藏期病害的防效分别达到 52.47% ~ 66.47%，30.80% ~ 84.81%，明显优于对照药剂施保克 800倍液和百可得 2 000 倍液的药效（下表）。但施保功不同处理浓度间效果有差异，随着浓度的提高，药效提高。

2.2　施保功对柑橘贮藏期青、绿霉病的防治效果

试验结果表明：施保功 1 000 ~ 2 000 倍液处理对橙橘和满头红的贮藏期的青、绿霉病均有很高的防治效果，但不同处理浓度间效果有差异，以 1 000 倍、1 500 倍液处理的效果最好，达 96%以上，明显优于施保克 800 倍液和百可得 2 000 倍液处理的药效，而施保功 2 000 倍液处理的效果与施保克 800 倍液的相近，防效在 85%左右，但比百可得 2 000 倍液处理的效果要好。

---

　*　李学斌（1966 ~　　），男，浙江省台州市椒江区林业特产总站高级农艺师，椒江区首席农技专家，一直从事水果技术推广工作

3 小结与讨论

施保功为一种新型的广谱杀菌剂。1996～1997年经室内常温贮藏试验显示，施保功1 000～2 000倍液对柑橘贮藏期的各种病害均有很高的效果，其药效明显优于常用药剂施保克和百可得，且使用安全可靠，是一种很有开发应用前景的新型柑橘防腐保鲜剂。

据观察，施保功除对柑橘青、绿霉病有效外，同样对柑橘贮藏期的炭疽病和褐腐病也有很好的效果。

1996～1997年施保功通过在椒江的栅浦、葭沚、东山等主橘产区的近1.5万吨柑橘贮藏的示范应用，也表明该药剂对控制柑橘贮藏期病害有很好的效果，具有效果好、腐烂少、费用低、使用安全等特点。

施保功除用于柑橘贮藏保鲜外，1997年我们还用于蘑菇青、绿霉病、褐腐病及大棚蔬菜的炭疽病和灰霉病的防治。尤其在蘑菇病害的防治上，既防病，又能获得优质高产，很受广大菇农的欢迎。

表　施保功对柑橘贮藏期病害的防治效果（％）

处理药剂	稀释倍数	椵橘贮藏100天（％）			满头红贮藏70天（％）		
		腐果率	防效	好果率	腐果率	防效	好果率
施保功	1 000	19.83	66.47	80.17	1.06	84.81	98.94
施保功	1 500	18.52	68.68	81.48	2.88	58.74	97.12
施保功	2 000	28.11	52.47	71.89	4.83	30.80	95.17
施保克	800	42.79	27.65	57.21	5.71	18.19	94.29
百可得	2 000	55.56	6.05	44.44	6.02	13.75	93.98
空白对照	—	59.14	—	40.86	6.98	—	93.02

临海市白水洋镇杨梅病虫害统防统治成效及措施

朱建军[1]　颜丽菊[2]*

（1. 浙江省临海市白水洋镇农业综合服务中心；2. 浙江省临海市特产技术推广总站）

　　白水洋镇位于浙江省中部沿海，是杨梅生长的最适宜区，是浙江省杨梅之乡。全镇种植杨梅面积达2 200公顷，分布于115个行政村，占全镇总村数的93.50%，2010年产值达1.8亿元，杨梅在全镇农民特别是山区农民的增收致富中发挥着越来越重要的作用。但杨梅种植以千家万户分散经营为主，技术到位率不高，特别是病虫害防治方面，还存在防治适期难掌握、农药选择比较盲目、防治药械落后等突出问题，不仅防治效果差，成本高，而且质量安全方面也存在着越来越多的隐患。为全面推广杨梅绿色无公害生产技术，提升杨梅品质，白水洋镇从2009年开始，以"生态、绿色、安全、高效"为目标，在杨梅病虫害统防统治方面进行了卓有成效的探索，经过两年的努力，取得了一定的成效。

1　统防统治主要成效

1.1　增产增效明显

　　2009年上游村、白水洋村两个示范点，面积220公顷，投产面积195公顷，杨梅产量2 932吨、产值2 932万元，分别比2008年（实施前）提高31.4%和46.1%；2010年两个实施点产量2 700吨、产值2 970万元，分别比2008年提高21.1%和48.0%。

1.2　喷药次数减少，成本降低

　　示范区农户喷药次数减少2~3次，药剂使用量约下降20%，防治成本平均每亩约节约62.9元，全镇总计省工省本省药约140万元。病虫防控能力和水平得到提升，果品更安全。

　　统防统治，破解了单家独户防治难，传统药械防效差，效率低，先进适用技术难到位等突出问题，从根本上解决了农产品农残超标问题。杨梅病虫害统防统治的实施，为推动其他水果病虫统防统治，提升水果产业和品质，提供了有益的经验，形成了良好导向。

2　统防统治主要做法

2.1　建立组织

　　为搞好杨梅病虫害统防统治，白水洋镇首先成立了杨梅病虫害统防统治领导小组，具体负责指挥、协调、管理全镇统防统治示范实施工作。创建了"协会+合作社（村级）+农户"三级联动的杨梅统防统治新模式。2009年3月组建了白水洋镇杨梅产业协会，集聚了全镇农办、农技、特产、杨梅主产区村、杨梅专业合作社、运销大户、种植大户、相关单位等人员和力量，发展了集体会员13家和个人会员5 000余人，并经民政部门注册登记。协会

---

　　* 颜丽菊（1964~　　），浙江省临海市特产技术推广总站高级农艺师，临海市水果首席农技专家，一直从事水果技术推广工作

成立了理事会和监事会，下设市场营销组、技术指导组、植保服务中心、农资监管组、政策宣传组。按照协会章程和工作计划，围绕杨梅产业健康持续发展和品质提升，规范了行业管理。在此基础上，创办了白水洋林农植保专业合作社，落实了防治人员 140 人。下设 8 个作业队，每个队配备药械 2~8 台，每台机组配备机手 1 名，防治队员 2 名。

2.2 落实责任

白水洋镇首先制定出台了《杨梅病虫害统防统治实施方案》，指明了实施目标、实施内容和实施工作措施等。其次，落实层级责任。明确政府牵头推动，农业、林特共同负责指导，产业协会做好政策宣传、市场销售、技术创新和行业规范，合作社探索统防统治作业机制、管理制度和开展"五统一"服务，主产区村级做好组织宣传，发动果农参与统防统治。第三，明确逐级管理。在明确理事会、监事会、理事长、队员的岗位职责基础上，坚持理事长负责制，采取逐级管理，总体上协会管理合作社，合作社管理机组作业队，机组作业队管理队员，建立各项规章制度，以制度来规范行为。

2.3 宣传培训

为营造杨梅病虫害统防统治的良好氛围，市林特局专门制作了宣传《杨梅质量安全生产》及《农产品质量安全法》录音磁带，利用森林防火宣传车，在杨梅主产区循环播放，让农民群众了解杨梅统防统治、果品安全生产的重要作用，使他们积极支持、主动配合、踊跃参与。镇里会同林特、农业部门采取召开会议、制作发放杨梅安全优质高效生产模式图、每月编发杨梅管理资料专刊、举办培训班等多种措施来广泛开展宣传培训，市里拍摄了杨梅病虫害专业化统防统治科教片，着力提高广大果农的防控意识和水平。

2.4 装备药械

根据示范实施要求，在政府及相关部门的扶持下，装备了轻便型担架式 3.5 马力的喷雾机 32 台和较大型担架式喷雾机 8 台，培养机手 40 名，彻底改变了单家独户老式喷雾机作业的格局，有力地提升了防控能力和水平，实现了病虫防控专业化和机械化。

2.5 示范展示

为了使杨梅病虫害统防统治工作能够顺利开展，白水洋镇坚持突出重点，建立示范点，采取典型引路，以点带面，经过政府、协会、合作社和主产区村多方协商，确定以基础比较好的白水洋村和上游村为示范核心区，杨梅面积 220 公顷，以东方红、山岙、东杜、双楼、上官、溪头、下洋庄、前塘等 17 村 446.67 公顷为示范辐射区块，创建万亩杨梅统防统治示范区，着重围绕技术培训、模式栽培、绿色防控、生产过程质量监管、个性化服务等进行一系列示范建设。

2.6 合理收费

杨梅病虫害统防统治主要采取代防代治或果农自行喷洒两种方式进行，防治配方由协会统一提供。代防代治由白水洋林农植保专业合作社承担，主要采取技术无偿提供和作业有偿服务的模式，在农户自愿的基础上，通过协议形式承包杨梅病虫防治和营养剂喷洒，药剂由合作社统一提供，作业服务收费方式，主要以喷洒药液量为收费标准，按照"先服务后收费，有偿服务收费较果农自行防治便宜"原则，根据实际药液使用量进行收费。每次防治后对防治效果进行果园抽查，对防治不理想的要进行补治，确保防治效果。果农自行喷洒的，其药剂由农户自行到指定农资点购买。

2.7 绿色防控

杨梅病虫害统防统治能否全面推开，关键看防效。为了提高统防统治效果，白水洋镇认真贯彻"预防为主，综合治理"的植保工作方针，在做好病虫预测预报的基础上，制定防治方案，并牢牢把握5个环节，即选药要对症、用药要适时、配药要合理、施药讲技巧、用药安全最重要。确保统防统治效果，及农产品质量和农田生态环境的安全。

2.8 强化监管

根据杨梅生产季划分不同时段有的放矢，重点监督。杨梅生长期，做好梅农安全使用卡、田间管理档案情况检查，杨梅产业协会与农资经营店签订责任书，相关执法部门加强对农资市场日常检查，从源头防堵"两高"农药流入杨梅基地；杨梅成熟前一个月，在各杨梅山道口设卡把守，对私带喷雾器上山的梅农，一经发现，立即予以制止；杨梅采收期，由协会或合作社负责进行售前杨梅农残抽检，确保杨梅质量安全。

杨梅根腐病防治试验

颜丽菊[1]* 应加正[2] 卢志芳[3]

(1. 浙江省临海市特产技术推广总站，临海 317000；2. 临海市永丰镇林特站；3. 临海市大田街道林特站)

杨梅根腐病是杨梅生产中一种较难防治的病害，近年在浙江省临海市该病的发病率呈明显上升趋势，对杨梅生产危害很大。植株被害后在短时间内叶片萎蔫，大量落叶，根系变褐腐烂，1~2 年内树体衰退枯死。为探索杨梅根腐病的适宜防治方法，2003 年 7 月 ~2005 年 5 月，用根际施药与树冠喷药相结合的方法进行防治试验取得了较好的防治效果，现将结果简介如下。

1 材料和方法

试验园设在临海市永丰镇沿溪林场，该果园沙壤土，试验树为 12 株初发病的 9 年生东魁杨梅（新叶出现萎蔫），行株距 6 米×5 米，试验前株产：处理树平均为 17.5 千克，对照树平均 18.3 千克。供试药剂为 0.5% 石灰倍量式波尔多液、70% 甲基托布津可湿性粉剂 800 倍液、70% 代森锰锌可湿性粉剂 600 倍液。处理树（9 株）于 2003 年 7 月 28 日和 8 月 9 日在树冠滴水线附近地面分别喷施 1 次 0.5% 石灰倍量式波尔多液，每次每株施药量 25 千克，树冠于 8 月 1 日喷布 70% 甲基托布津可湿性粉剂 800 倍液，8 月 6 日喷布 70% 代森锰锌可湿性粉剂 600 倍液；对照树（3 株）地面和树冠均喷清水，其他管理按常规进行。分别于第 1 次施药后 1、6、12、21.5 个月各观察 1 次，于 2005 年 5 月 12 日调查春梢抽发量和结果情况，每株随机抽查 20 个新梢，测量其长度。

2 结果与分析

处理树首次防治后 1 个月，叶片萎蔫症状消失，抽生的新梢叶片正常，首次防治 6 个月落叶率为 12.3%，首次防治 12 个月树势基本恢复，首次防治 21.5 个月（2005 年 5 月 12 日），春梢抽生基本正常，平均长度 12.79 厘米（但较正常新梢稍软），其中，3 株少量挂果，防治效果达 100%。而对照于 1 个月后，叶片继续枯萎、落叶，6 个月落叶率达 84.5%，12 个月 2 株枯死，1 株生长极度衰弱，21.5 个月后 3 株全部枯死。

3 小结

试验认为，杨梅根腐病初发病时，用 0.5% 石灰倍量式波尔多液地面施药与 70% 甲基托布津可湿性粉剂 800 倍液和 70% 代森锰锌可湿性粉剂 600 倍液树冠喷药相结合进行防治，效果较好，可在生产上推广应用。

---

* 颜丽菊（1964~　），浙江省临海市特产技术推广总站高级农艺师，临海市水果首席农技专家，一直从事水果技术推广工作

杨梅黑胶粉虱防治药剂筛选试验

颜丽菊[1]*   卢志芳[2]   应加正[3]

（1. 浙江省临海市特产技术推广总站，临海　317000；2. 临海市大田林特站；3. 临海市永丰林特站）

杨梅黑胶粉虱是 1999 年在临海市双桥村杨梅园发现，其虫体为黑色，分布在叶背，像黑籽麻点，上覆黏胶，有光泽。此虫近年来发展很快，目前，涌泉、永丰、沿江、白水洋等杨梅主产区均有发生，多的每叶有虫 80 多头，引起树势衰弱。为探索该虫的防治效果，筛选有效防治药剂，选用溶敌等农药进行了杨梅黑胶粉虱防治试验，现将试验结果小结如下。

1　试验园的基本情况

试验园设在临海市大洋街道双桥村杨梅园，土壤为沙壤土，试验树为 18 年生东魁杨梅，株行距为 5 米×5.5 米，亩栽 24 株，树冠纵横径为 4.3 米×4.7 米，株高 3.6 米。

2　供应药剂

95% 溶敌（西安产），95% 机油乳剂（苏州靖江），20% 农蚧乐（乐清产）。

3　试验方法

试验设 95% 溶敌 500 倍液、95% 机油乳剂 120 倍液、20% 农蚧乐 900 倍液和喷清水对照共 4 个处理，各药剂处理小区用树 4 株，对照小区用树 2 株，每处理 3 次重复，随机排列。试验于 2003 年 11 月 23 日用背负式喷雾器喷药，以叶背、叶面、树干喷湿为度，喷药前在每株树的东南西北及内膛选定 5 个枝调查虫口基数，挂上标签，做好记载，喷药后 20 天检查虫数，计算防治效果。

4　试验结果

由下表可以看出，药后 20 天调查，95% 溶敌 500 倍液防效较为理想，达到 64.68%；其次是 20% 农蚧乐 900 倍液，平均防效为 54.05%；95% 机油乳剂 120 倍液，平均防效为 51.61%；而喷清水对照，自然死亡率为 24.72%。

*　颜丽菊（1964～　　），浙江省临海市特产技术推广总站高级农艺师，临海市水果首席农技专家，一直从事水果技术推广工作

表　溶敌等农药对杨梅黑胶粉虱的防治效果

处理	药前虫口基数	药后活虫头数	虫口减退率（%）	防效（%）
95%溶敌500倍液	1 643	174	89.40	64.68
20%农蚧乐900倍液	1 740	378	78.27	54.05
95%机油乳剂120倍液	1 966	466	76.33	51.61
对照	1 424	1 072	24.72	0

5　小结

95%溶敌500倍液、95%机油乳剂120倍液、21%农蚧乐900倍液对杨梅黑胶粉虱均有一定防治效果，但以溶敌防效最好，可在绿色食品杨梅生产中推广应用。

杨梅黑胶粉虱随着虫龄增大，其上覆的胶质越厚，农药防治效果也越差，因此，如何根据杨梅黑胶粉虱发生期，选择最佳防治时间和提高防效等有待进一步试验研究。

杨梅黄化死亡的原因及防治措施

颜丽菊[*]

（浙江省临海市特产技术推广总站，临海 317022）

浙江省临海市是杨梅生产大市，全市现有杨梅面积 8 000 公顷，年产量近 5 万吨，成为临海农业四大主导产业之一。但近年来，在杨梅产区出现不同程度的杨梅黄化、甚至死树现象，主要表现为局部枝序叶片开始黄化，严重时全株叶片黄化，导致产量迅速下降，枝梢枯死，甚至全树死亡，从黄化到死亡有的仅 2～3 年时间，发病率不断上升。由于发病原因复杂多样，梅农对黄化现象认识不足，防治上带有很大的盲目性，因而防治效果也不理想。为查明黄化的原因，做到对症下药，提高防治效果，2006 年开始对杨梅黄化原因进行调查分析，对病株进行防治试验及探讨。

1 杨梅黄化死亡原因分析

实地调查、农户座谈、土样化验等表明，杨梅黄化主要有以下几方面原因。

1.1 病害引起

1.1.1 树干病害

在杨梅重点村上游村调查时发现，有些杨梅黄化，是由于枝干发生严重的枝腐病、癌肿病、赤衣病等枝干病害，引起树体叶片黄化。

1.1.2 根系病害

在白水洋镇、永丰镇等地调查时，有些杨梅地上部枝干未见异常，但叶片黄化甚至树体死亡，挖出根部仔细观察，可以看到病害始于根部，从细根逐渐向侧根、根颈到主干扩展褐变坏死，黄化是由根腐病引起。

1.2 虫害引起

1.2.1 杨梅小粒材小蠹为害

汛桥镇周岙村老周户东魁杨梅，2006 年开始局部枝序黄化，以后黄化范围扩大，2008年 3 月其中一株树死亡。把枯死树的主干、树桩劈开，发现树桩、主干的木质部有纵横交错针孔大小的黑色虫道，并有许多体长 2 毫米左右的黑色或棕褐色小虫，这些小虫就是杨梅小粒材小蠹，在临海市尚属首次发现，杨梅黄化死亡是由杨梅小粒材小蠹为害引起。

1.2.2 白蚁、天牛为害

在江南沿岙村、大田上膨村、白水洋上游村调查时发现，有些杨梅黄化是由于白蚁、天牛为害根部、根颈造成。

* 颜丽菊（1964～   ），浙江省临海市特产技术推广总站高级农艺师，临海市水果首席农技专家，一直从事水果技术推广工作

1.3 营养不良

有些杨梅树因结果过多，消耗大量养分，管理又未跟上，导致根系萎缩，树势衰弱，缺素，而出现黄化。也有些杨梅树因为台风、施肥不当等导致根系损伤造成。

2 黄化原因查找方法

先查地上部枝干有无枝腐病、癌肿病、赤衣病、小粒材小蠹等枝干病虫害的发生，然后查地面以下根颈部位有无天牛等病虫为害，再查地下部根系有无根腐病、白蚁等为害。如果都未见异常，则判断是否是缺素等营养方面原因造成。

3 防治措施

引起杨梅黄化的原因有病害、虫害及营养不良等诸多因素，并且与平时栽培管理、树势等关系密切，就一个植株而言，往往是多种因子并存，且相互影响，故在防治上应以农业防治为基础，采取综合的防治措施：一是实行生草栽培，改善果园生态环境；二是进行合理修剪、疏花疏果，促进通风透光，合理挂果；三是加强肥水管理，进入盛果期的杨梅树，在增施钾肥、有机肥的同时，适当施用氮肥，补充硼、锌、钼等微量元素，促进树势恢复，保持健壮树势，提高树体抵抗力；四是冬季做好清园，剪除病虫枝，清扫地面枯枝、落叶集中烧毁，树干涂白等，减少越冬病原菌和虫卵；五是保护好树体，尽量减少人为对树体和根系造成的伤害，在此基础上，针对不同的黄化症状，采取相应的防治措施。

3.1 杨梅癌肿病

3.1.1 症状

杨梅癌肿病是一种细菌性的枝干病害。主要为害杨梅枝干，以主干、主枝、侧枝上发病较多，树干被害后初期病部产生乳白色的小突起，表面光滑，后树皮粗糙开裂，病部呈褐色或黑褐色的木栓化组织，发病后因营养物质运输受阻而导致树势早衰，严重时会引起全株逐渐死亡。

3.1.2 防治措施

3~4月，在病菌传播前，用利刀刮除病斑，刮时一定要注意将病斑内黑色病菌刮净，涂80%402抗菌剂50倍液或硫酸铜100倍液，隔15天再涂1次，以促进伤口愈合，刮下的病斑收集到园外烧毁。

3.2 杨梅赤衣病

3.2.1 症状

赤衣病是近年来新发生的为害杨梅枝干的真菌性病害，发病后，其明显的特征是在发病的枝干上覆盖一层橘红色霉层，开始多在主干、主枝、侧枝上发生，后向树冠上部小枝扩展，导致叶片发黄，树势衰退，最后枝条枯死，直至全株死亡。

3.2.2 防治措施

经过试验，松碱合剂10倍液对防治杨梅赤衣病有特效。树干喷药时间以2月下旬至3月初杨梅开花前为佳，开花期禁止树冠喷施，否则药液喷到花上会造成落花落果。也可选用过氧乙酸1~3倍液涂抹发病的枝干效果很好，过氧乙酸具有较强的腐蚀性，所以，在使用时，要戴上橡胶手套，防止药水与皮肤直接接触。

3.3 杨梅枝腐病

3.3.1 症状

杨梅枝腐病以 20 年以上老树上发生较多，发病后枝干腐烂枯死，影响树势，引起树体的早衰。

3.3.2 防治措施

剪除病枝、消除病斑，伤口涂抹 402 抗菌剂 50 倍液，促进伤口愈合。

3.4 杨梅根腐病

3.4.1 症状

病原属子囊菌亚门座囊菌目的葡萄座腔菌，是一种世界性分布的真菌，主要为害杨梅根系，从调查的情况看，症状多为慢性衰亡型。发病后地下部根系和根瘤较少，且逐渐变褐腐烂，地上部初期春梢抽生正常、挂果多。但果实采收后进入高温、干旱季节，顶梢出现萎蔫，叶片开始黄化，新梢抽发少或不抽发，冬季老叶逐渐变褐而脱落，枝梢枯死，症状多表现为：从树体的部分枝条到大部分枝条或半边黄化，直至全株衰老枯死。

3.4.2 防治措施

枯死树、重病树挖除，并运出园外，集中烧毁，土壤用石灰消毒。

轻病树适度重剪，刨根晒土加药剂治疗。对初见症状的轻病树，在秋季或早春，树冠适度重剪，减少养分消耗，地下部挖兜露根晒土，并剪除病根，集中烧毁，露根晒土 1 天后，用 0.5% 石灰倍量式波尔多液或 5% 菌毒清 50 倍液或每株用健丽壮有机肥 30 克加根腐灵 25 克加水 15 千克浇根，也可每株撒施高锰酸钾或多菌灵 0.25～0.5 千克，再浇施 200 倍快活林生根液 25 千克，施后覆客土。根系病害防治效果比较慢，一般需施药 2～3 次，每次间隔 7～10 天。

3.5 杨梅小粒材小蠹

3.5.1 为害特性

属鞘翅目，雌成虫体长 2.3～2.5 毫米，黑色，雄成虫体长 1.7～2.2 毫米，棕褐色。主要以成虫蛀干为害离地面 50 厘米以内的杨梅主干部以及离地面 20 厘米以内的一级主、侧根部。利用成虫的 3 对挖掘足，在木质部或韧皮部纵横蛀成 0.8～1 毫米（大头针孔）大小的黑色虫道，树皮外面只发现少量的较细的木屑，虫孔荫蔽，不易查找，被害后树势明显衰弱、黄化甚至枯死，且成连片状扩散。

3.5.2 防治措施

对已发生为害的树，在 3 月用 48% 乐斯本 5 倍液加黄泥调匀，或用 48% 乐斯本加 5 倍防水涂料，涂于离地面 50 厘米以内的主干及主枝上，再用尼龙薄膜包扎，杀死树体内害虫。同时，在盛花期喷 8～10 倍松碱合剂疏花，减少养分消耗，促进新梢抽发。

周边杨梅树重点做好预防，在 8～9 月成虫侵入期用 48% 乐斯本 1 000 倍液喷洒树干或用 48% 乐斯本加 5 倍液防水涂料，涂于离地面 50 厘米以内的主干及主枝上，预防成虫入侵，有效地防止虫害蔓延。

3.6 杨梅白蚁

3.6.1 为害特性

主要啃食杨梅树根部或树干，并筑起泥道，沿树干通往树梢，使树体木质部、韧皮部严重受伤，养分、水分输送受阻，导致树冠局部枝序叶片黄萎，最后叶落枝枯，树势衰退甚至死亡。每年 4～10 月是白蚁的活动为害期。

3.6.2 防治措施

堆草诱杀。在白蚁为害区域每隔 4～5 米，挖深 10 厘米，直径 30 厘米的浅穴，用 48% 乐斯本乳油 1 000 倍液或 40% 毒死蜱 1 000 倍液加 1% 红糖喷湿嫩柴草放入浅穴中，覆薄土诱杀。

拒杀。将有白蚁为害的杨梅树基部泥土耙开，用 2.5% 天王星 600 倍液加 1% 红糖的药液浇施主干附近，每株 15 千克左右，浇施后覆土。

3.7 天牛

3.7.1 为害特性

为害杨梅的天牛以星天牛为主，以幼虫蛀入近地表的主干或根颈皮层为害，虫道成环沟状，后蛀入木质部，蛀入孔常位于地面以下 3～7 厘米处，造成植株养分和水分输送受阻，导致相对应部分枝序叶片枯黄，严重时全株死亡。5～7 月为该虫的羽化产卵最盛期。

3.7.2 防治措施

预防成虫产卵。在 5～7 月成虫产卵期，将枝干涂白、堵塞枝干上的洞孔、清除主干基部的杂草或树干喷射 48% 乐斯本 1 000 倍液。

人工捕杀。成虫大批羽化出孔时，在晴天中午对成虫进行人工捕杀。5～7 月，常检查树干基部有无成虫咬伤的伤口、流胶、幼虫蛀食时排出的木屑等，如有发现，及时刮除树皮下的卵粒或用铁丝钩杀初孵幼虫，并涂以石硫合剂或波尔多液等消毒防腐；若幼虫已钻蛀入主干，可将虫孔中堵塞木屑掏空后，把蘸有 80% 敌敌畏乳油的药棉球，塞入虫孔中将孔堵死熏杀幼虫。

不同药剂防治东魁杨梅肉葱病效果研究

颜丽菊[1]* 罗冬芳[1] 陈钦红[2] 朱建军[3] 侯鹏飞[4]

（1 浙江省临海市特产技术推广总站，临海 317000；2 仙居县林业局特产总站；

3 临海市白水洋镇农业综合服务中心；4 临海市东塍镇农业综合服务中心）

摘要： 杨梅肉葱病发生在杨梅硬核期，对东魁杨梅产量、品质影响较大，选择有代表性的叶面肥和生长激素对防治杨梅肉葱病进行田间试验研究。结果表明，在杨梅果实硬核前，喷施 1 次赤霉酸对降低肉葱病发生有明显效果，在杨梅谢花后至硬核前的幼果期喷施 2～3 次易收（氨基酸类）、果多多（含高磷、高钙类）、埃施硼（高硼类），对降低肉葱病发生也有较明显的效果。

关键词： 东魁杨梅；肉葱病；防效；发病率

肉葱病是目前杨梅果实上较难防治的一种病害，该病于 1999 年在全省各杨梅产区开始暴发，以东魁杨梅发病最重，发病后果实肉柱外凸，果核外露变褐，幼果畸形或脱落，对杨梅特别是东魁杨梅的产量、品质影响较大，目前，其发病原因尚不清楚，也未有有效的防治方法。为了探索杨梅肉葱病防治技术，以为生产提供指导，于 2009 年开展了杨梅肉葱病田间调查，并于 2010 年选择了一些有代表性的叶面肥和生长激素进行田间试验，取得了初步的效果，现将试验结果介绍如下。

1 材料与方法

1.1 试验概况

试验地设在临海市杜桥镇童燎水库杨梅园，杨梅总面积 100 公顷。

供试杨梅品种为东魁，树龄 12 年。供试药剂为施全补（深圳市农巧施农业技术有限公司生产），有效成分为硫 13%、铁（螯合态）7.5%、锰（螯合态）8%、硼 1.35%、锌（螯合态）4.5%、铜（螯合态）2.30%、钼 0.04%，功能性元素：Ni、Co、Si、Vo，适量维他命及其他生命营养元素；埃施硼（浙江勿忘农集团生产），有效成分为聚合硼酸钾盐含量≥98%，纯硼含量≥20.5%；花果宝（英国海德鲁光合有限公司生产），有效成分为钾 34%、锌 12.5%、氮 7%、磷 11%；果多多（英国海德鲁光合有限公司生产），有效成分为磷 22%、钙 19%、锌 11%、硫 6%；易收（安山市禾盾作物保护剂有限公司生产），有效成分为氨基酸 10%、生物钾 8%、螯合钙 4%、高效硼 0.2%、稀土；铁、锰、锌及其他生理活性物质；赤霉酸（上海同瑞生物科技有限公司生产），有效成分为 75% 结晶粉。

1.2 试验设计

试验共设 8 个处理：埃施硼 15 克 + 水 15 千克（A）；施全补 4 克 + 水 15 千克（B）；花

---

* 颜丽菊（1964～　），浙江省临海市特产技术推广总站高级农艺师，临海市水果首席农技专家，一直从事水果技术推广工作

果宝 20 克 + 水 15 千克（C）；果多多 15 克 + 水 15 千克（D）；易收 20 克 + 水 15 千克（E）；赤霉酸 1 克 + 水 20 千克（F）；赤霉酸 1 克 + 水 20 千克（G）；以空白作对照（CK）。

处理 A 于 2010 年 4 月 24 日（杨梅谢花结束，幼果豌豆大时）、5 月 4 日（硬核前约 15 天）各喷 1 次；处理 B、处理 C、处理 D、处理 E 于 2010 年 4 月 24 日、5 月 4 日、5 月 12 日（硬核前约 7 天）各喷 1 次；处理 F 于 2010 年 5 月 4 日喷 1 次；处理 G 于 2010 年 5 月 12 日喷 1 次，以不喷药作对照（CK）。每处理小区 4 株，3 次重复，各小区随机排列。

1.3 调查内容与方法

5 月 19 日肉葱病开始发生，5 月 28 日肉葱病发生期进行发病情况调查。杨梅肉葱病大多发生在树冠中下部，树冠上部较少发生，所以调查部位在离地面 1.7 米以内高度的树冠进行。具体方法为：每小区调查 2 株，每株调查东南西北 4 个方位，每个方位调查直径约 2 厘米的枝梢 1 个，并调查其上的所有果实，计算发病率。病情调查分为 4 级：0 级为果面无发病；1 级为果面只有 1 个地方肉柱凸出，病斑所占面积很小，对果实商品性一般不影响；2 级为果面 2 处肉柱凸出，每处凸出的面积不大，对果实商品性有一定影响，但一般不会落果；3 级为果面 3 处以上肉柱凸出，或病斑所占面积大，发病后容易落果或成为畸形果。

2 结果与分析

由下表可知，不同药剂防治东魁杨梅肉葱病效果试验中，处理 F 2 级以上肉葱病发病率为 4.0%，比 CK 39.7% 降低 35.7 个百分点，其中，3 级发病率为 1.1%，比 CK 降低 15.9 个百分点；处理 G 2 级以上肉葱病发病率为 3.2%，比 CK 降低 36.6 个百分点，其中，3 级发病率为 1.6%，比 CK 降低 15.4 个百分点；处理 E 2 级以上肉葱病发病率为 23.6%，比 CK 降低 16.2 个百分点，其中，3 级发病率为 10.3%，比 CK 降低 6.7%；处理 D 2 级以上肉葱病发病率为 25.8%，比 CK 降低 14 个百分点，其中，3 级发病率为 9.9%，比 CK 降低 7.1 百分点；处理 A 2 级以上肉葱病发病率为 27.7%，比 CK 降低 12.0 个百分点，其中，3 级发病率为 11.1%，比 CK 降低 5.9 个百分点。处理 B 2 级以上肉葱病发病率为 43.9%，比 CK 高 4.2 个百分点，其中，3 级发病率为 25.7%，比 CK 高 8.8 个百分点。处理 C 2 级以上肉葱病发病率为 40.3%，比 CK 高 0.6 个百分点，其中，3 级发病率为 22.8%，比 CK 高 5.8 个百分点。

表 不同防治处理对杨梅肉葱病发生的影响

处理	调查总果数（个）	0 级		1 级		2 级		3 级	
		发病果（个）	发病率（%）	发病果（个）	发病率（%）	发病果（个）	发病率（%）	发病果（个）	发病率（%）
A	199	89	44.7	55	27.6	33	16.6	22	11.1
B	148	37	25	46	31.1	27	18.2	38	25.7
C	171	35	20.5	67	39.2	30	17.5	39	22.8
D	252	107	42.5	80	31.7	40	15.9	25	9.9
E	204	88	43.1	68	33.3	27	13.2	21	10.4
F	273	215	78.8	47	17.2	8	2.9	3	1.1
G	124	104	83.9	16	12.9	2	1.6	2	1.6
CK	229	69	30.1	69	30.1	52	22.7	39	17.1

3 结论与讨论

杨梅肉葱病发生时间在每年的杨梅果实的硬核期，田间对比试验表明，在杨梅果实硬核前 7 天或 15 天，喷施 1 次 75% 赤霉酸 50 毫克/千克，对降低肉葱病发生有明显效果。在杨梅谢花后至硬核前的幼果期喷施 2～3 次（氨基酸类）、果多多（含高磷、高钙类）、埃施硼（高硼类），对降低肉葱病发生也有较明显的效果，但喷施花果宝（高钾）叶面肥，对降低肉葱病的发生没有效果，喷施施全补对肉葱病不但没有效果，发病率反而明显提高。喷施赤霉酸后，当年春梢有徒长现象，花芽分化也受到一定影响。今后将继续开展杨梅肉葱病田间防治试验研究，对出现的问题在以后的试验中不断加以完善。

艾绿士防治杨梅果蝇药效试验

李学斌* 王林云

（浙江省台州市椒江区农业林业局，台州 318000）

摘要： 采用艾绿士进行杨梅果蝇防治试验。结果表明，6%艾绿士悬浮剂 1 500～2 000 倍液防治杨梅果蝇，喷药后 5 天防效达 96.9%～100%，喷药后 10 天防效为 93.7%～100%，防效好、持效期较长；喷药后 5～10 天，杨梅果实的残留量均在 0.02 毫克/千克以下，使用安全。

关键词： 艾绿士；防治；杨梅果蝇

杨梅果蝇是为害杨梅果实的一种重要害虫，虫体小，繁殖能力强，生活周期短，世代重叠，主要发生为害在杨梅果实成熟期。杨梅果实受果蝇为害后，引发果汁外渗，果肉稀软，轻则影响果实品质和消费者食用形象，重则引发落果，造成丰产不丰收，尤其对晚熟杨梅品种和高山杨梅影响十分严重，造成的经济损失 20%～30% 以上，成为制约杨梅产业发展、实施病虫优化防治的一个重要制约因素。2011 年 5 月，我们选用 6%艾绿士悬浮剂进行杨梅果蝇药效防治试验和示范应用，均取得了十分显著的效果，具有很好的开发前景和推广应用价值。

1 材料与方法

以椒江区章安街道李宅村 11 年生东魁杨梅结果树为试材，设采前 15 天（即果实转色期）喷 6%艾绿士悬浮剂（又名乙基多杀菌素，美国陶氏益农公司生产）1 500 倍、2 000 倍、2 500 倍液，隔 5 天再喷 1 次，连喷二次和采前 10 天分别喷 6%艾绿士悬浮剂 1 500 倍、2 000 倍、2 500 倍液 1 次及清水对照等 7 个处理，随机排列，2 株树为一小区，重复 3 次，用电动背负式喷雾器进行树冠喷雾，以叶、果均匀喷湿为度，在喷药后 5 天、10 天，即果实成熟期，每处理随机采果 30 只，当天用高度白酒浸泡调查各果实的幼虫数，计算虫果率和防治效果。

2 结果与分析

试验结果表明，采前 15 天喷艾绿士 1 500 倍、2 000 倍、2 500 倍液，隔 5 天再喷 1 次，连喷 2 次和采前 10 天喷艾绿士 1 500 倍液 1 次的防效最好，均未发现有虫果，药后 5 天、10 天对果蝇的防效均为 100%。其次是采前 10 天喷艾绿士 2 000 倍液，药后 5 天、10 天的防效分别为 100%、98.42%，药后 10 天的有虫果率为 6.67%，而采前 10 天喷艾绿士 2 500 倍液的防效较差，药后 5 天、10 天对果蝇的防效分别为 96.91%、93.71%，药后 5 天、10 天的有虫果率分别为 10% 和 23.33%（表1）。

---

* 李学斌（1966～ ），男，浙江省台州市椒江区林业特产总站高级农艺师，椒江区首席农技专家，一直从事水果技术推广工作

表 1 艾绿士对杨梅果蝇的防治效果

处　理	药后 5 天			药后 10 天		
	幼虫数（头）	虫果率（%）	防效（%）	幼虫数（头）	虫果率（%）	防效（%）
艾绿士 1 500 倍液 2 次	0	0	100	0	0	100
艾绿士 2 000 倍液 2 次	0	0	100	0	0	100
艾绿士 2 500 倍液 2 次	0	0	100	0	0	100
艾绿士 1 500 倍液 1 次	0	0	100	0	0	100
艾绿士 2 000 倍液 1 次	0	0	100	3	6.67	98.42
艾绿士 2 500 倍液 1 次	3	10	96.91	12	23.33	93.71
对照（空白）	97	73.3	—	191	96.67	—

　　杨梅果实为裸果，考虑果实成熟采收期使用杀虫剂的安全问题，在杨梅果蝇防治药效试验调查的同时，对杨梅果实进行农药残留检测，委托农业部环境保护科研监测所分 2 批次对各处理的果实进行农药残留检测。对喷艾绿士 1 500 倍、2 000 倍、2 500 倍液 5 天后和 10 天后，及采前 1 天喷艾绿士 2 000 倍液和空白对照等 8 个样品的检测结果，艾绿士在果实的残留检出量，除采前 5 天喷 1 500 倍液和采前 1 天喷 2 000 倍液的果实残留量分别为 0.0113 和 0.5081 毫克/千克外，其余处理均未检出（表 2）。

表 2 艾绿士防治杨梅果蝇的果实残留检测结果

处理	药后 5 天（毫克/千克）	药后 10 天（毫克/千克）	喷后 1 天（毫克/千克）
艾绿士 1 500 倍液	0.0113	ND	—
艾绿士 2 000 倍液	ND	ND	0.5081
艾绿士 2 500 倍液	ND	ND	—
对照（空白）	ND	ND	—

注："ND"表示未检出，指杨梅样品中的残留量均低于本方法的最低检出浓度 0.01 毫克/千克

3　小结和讨论

　　通过田间药效试验表明，用 6% 艾绿士悬浮剂 1 500 ~ 2 500 倍液防治杨梅果蝇，药后 5 天防效达 96.9% ~ 100%，药后 10 天防效为 93.7% ~ 100%，表现出很高的杀虫活性和优异的防效，为杨梅果蝇的防治提供了新的药剂。

　　用 6% 艾绿士悬浮剂防治杨梅果蝇，未发现对杨梅果实、叶片、枝梢等有任何影响，和对照相比，发现喷过艾绿士的杨梅果实色泽鲜亮，未喷过的杨梅果实色泽暗淡，无亮光。6% 艾绿士悬浮剂防治杨梅果蝇，以采前 5 ~ 7 天使用 2 000 倍液防治为宜。

　　艾绿士为生物源农药，系放线菌代谢物经化学修饰而得的活性较高的杀虫剂，毒性较低，对杨梅使用安全。据农业部环境保护科研监测所检测，用 6% 艾绿士 1 500 ~ 2 000 倍液

防治杨梅果蝇，喷药后 5 ~ 10 天，杨梅果实的残留量均在 0.02 毫克/千克以下，远低于日本在草莓上 MRL 为 2.0 毫克/千克的规定和美国、日本、瑞士、澳大利亚规定在甘蓝上 MRL 分别为 10.0 毫克/千克、1.0 毫克/千克、1.0 毫克/千克和 0.2 毫克/千克的标准。目前，国内尚没有艾绿士在杨梅上的农药残留限量标准规定。总之，艾绿士用于杨梅果蝇防治，防效好、持效期较长，使用安全等特点，建议在杨梅生产上示范推广。

艾绿士和咪鲜胺对杨梅采前病虫的药效试验

李学斌[*]　　王林云

（浙江省台州市椒江区农业林业局，台州　318000）

摘要： 杨梅果蝇、白腐病等杨梅采前病虫，主要为害杨梅成熟果实，会引发落果、烂果，造成减产和影响品质，2012 年 6 月应用艾绿士加咪鲜胺进行杨梅果蝇和白腐病等采前病虫的防治试验，对控制杨梅果蝇和白腐病等采前病虫为害，减轻落果和烂果，确保杨梅果实品质发挥了较好作用，对杨梅生产具有十分重要的推广应用价值。

关键词： 艾绿士等；防治；杨梅病虫；高效；安全

　　杨梅果蝇、白腐病是为害杨梅果实的重要病虫，主要在杨梅果实成熟期发生为害。杨梅果实受果蝇和白腐病等为害后，引发果汁外渗，果肉稀软，果面发霉，轻则影响果实品质和消费者食用形象，重则引发落果、烂果，造成丰产不丰收，尤其对晚熟杨梅品种和高山杨梅影响十分严重，造成的经济损失 30% 以上，成为杨梅产业发展、实施病虫优化防治的一个重要制约因素。

1　材料与方法

　　试验于 2012 年 6 月进行，以椒江区章安街道李宅村 12 年生东魁杨梅结果树为试材，设A：6% 艾绿士悬浮剂（又名乙基多杀菌素，美国陶氏益农公司生产）2 000 倍；B：6% 艾绿士悬浮剂 2 000 倍液 +50% 施保功可湿性粉剂 3 000 倍液（德国拜耳作物科学公司生产）；C：6% 艾绿士悬浮剂 2 000 倍液 +50% 施保功可湿性粉剂 2 000 倍液；D：6% 艾绿士悬浮剂 2 000 倍液 +40% 咪鲜胺水乳剂 1 500 倍液（湖南万家丰科技有限公司生产）；E：清水对照 5 个处理，随机排列，2 株树为 1 小区，重复 3 次，采前 10 天（即果实转色期）分别用电动背负式喷雾器进行树冠喷雾，以叶、果均匀喷湿为度，在喷药后 5 天、10 天，即果实成熟期，每处理随机采果 30 只，当天用高度白酒浸泡调查各果实的幼虫数，计算虫果率和防治效果，以及药后 10 天调查各处理的病果数，计算病果率和防效。

2　结果与分析

　　据对杨梅果蝇的防效调查，用艾绿士 2 000 倍液（包括混加咪鲜胺）防治杨梅果蝇，药后 5 天、10 天的平均防效分别为 98.4% 和 69.7%。药后 5 天防效较好，药后 10 天的防效较差，且差异较大（表1）。用施保功（包括混加艾绿士）防治杨梅果实白腐病，药后 10 天的病果率分别为 44.3%、33.3%、77.7%、89%，尤以施保功 2 000 倍液和咪鲜胺 1 500 倍液的防效最

　　* 李学斌（1966~　），男，浙江省台州市椒江区林业特产总站高级农艺师，椒江区首席农技专家，一直从事水果技术推广工作

好，分别为77.7%、89%，且果实色泽鲜亮，果实外观商品质量明显提高（表2）。

杨梅果实为裸果，考虑果实成熟采收期使用杀虫杀菌剂的安全问题，在杨梅果蝇和白腐病防治药效试验调查的同时，对杨梅果实进行农药残留检测，委托农业部环境保护科研监测所分2批次对各处理的果实进行农药残留检测。据对喷艾绿士2 000倍液（包括混加咪鲜胺）5天后、10天后，及空白对照等10个样品的检测结果，艾绿士在果实的残留检出量，除药后5天喷艾绿士2 000倍液+施保功2 000倍液和艾绿士2 000倍液+咪鲜胺1 500倍液的果实残留量分别为0.029毫克/千克和0.036毫克/千克外，其余处理均未检出（表3）。而咪鲜胺（包括混加艾绿士）在果实的残留检出量，药后5天和药后10天均有检出，尤以喷艾绿士2 000倍液+施保功2 000倍液和艾绿士2 000倍液+咪鲜胺1 500倍液处理，药后5天的果实残留量最高，分别为0.239毫克/千克和0.254毫克/千克，而药后10天更是高达0.383毫克/千克和0.401毫克/千克；药后10天果实咪鲜胺残留量以艾绿士2 000倍液+施保功3 000倍液处理的为最低（表4）。

表1 艾绿士混咪鲜胺对杨梅果蝇的防治效果

处　理	药后5天			药后10天		
	幼虫数（头）	虫果率（%）	防效（%）	幼虫数（头）	虫果率（%）	防效（%）
A	0	0	100	15	30	54.5
B	0	0	100	16	36.7	51.5
C	0	0	100	5	16.7	84.8
D	2	6.7	93.5	4	10	87.8
E	31	66.7	—	33	63.3	

表2 施保功混艾绿士10天后对杨梅白腐病的防治效果

处　理	病果数（只）	病果率（%）	防效（%）	备注
A	5	16.7	44.3	落果少
B	6	20	33.3	落果少、果色鲜亮
C	2	6.7	77.7	落果少、果色鲜艳
D	1	3.3	89	落果甚少、果色鲜亮
E	7	30		僵果多、落果多

表3 艾绿士混咪鲜胺防治杨梅果蝇的果实残留检测结果

处理	药后5天（毫克/千克）	药后10天（毫克/千克）
A	ND	ND
B	ND	ND
C	0.029	ND
D	0.036	ND
E	ND	ND

注："ND"表示未检出，指杨梅样品中的残留量均低于本方法的最低检出浓度0.01毫克/千克

表 4　施保功混艾绿士防治杨梅白腐病的果实残留检测结果

处理	药后 5 天（毫克/千克）	药后 10 天（毫克/千克）
A	ND	ND
B	0.024	0.016
C	0.239	0.383
D	0.254	0.401
E	0.160	0.094

3　小结和讨论

通过田间药效试验表明，用 6% 艾绿士悬浮剂 2 000 倍液（包括混加咪鲜胺）防治杨梅果蝇，药后 5 天防效达 93.5% ~ 100%，药后 10 天防效降为 93.7% ~ 100%，同上年相比，残效期有明显差异，是否跟今年喷药前后和杨梅果实成熟期多雨水有关，尚待进一步验证。用艾绿士混加咪鲜胺进行杨梅白腐病的兼防，首次示范应用也取得较好的效果，以艾绿士 + 咪鲜胺 1 500 倍液或施保功 2 000 倍液的防效最好，分别为 93.7%、100%，且表现落果少、烂果少，果实鲜亮，外观品质明显提高。

用艾绿士加咪鲜胺防治杨梅采前病虫，未发现对杨梅果实、叶片、枝梢等有任何影响，和对照相比，发现喷过艾绿士加咪鲜胺的杨梅果实色泽鲜亮，未喷过的杨梅果实色泽暗淡，无亮光。

用 6% 艾绿士悬浮剂防治杨梅果蝇，根据试验结果分析，以采前 5 ~ 7 天使用 2 000 倍液防治为宜，如混加咪鲜胺兼防杨梅白腐病等，建议在采前 10 天用 6% 艾绿士 1 500 倍液进行防治。

艾绿士为生物源农药，系放线菌代谢物经化学修饰而得的活性较高的杀虫剂，毒性较低，对杨梅使用安全。据农业部环境保护科研监测所检测，用 6% 艾绿士 2 000 倍液（包括混加咪鲜胺）防治杨梅果蝇，喷药后 10 天，杨梅果实的残留量均在 0.01 毫克/千克以下，远低于日本在草莓上 MRL 为 2.0 毫克/千克的规定和美国、日本、瑞士、澳大利亚规定在甘蓝上 MRL 分别为 10.0 毫克/千克、1.0 毫克/千克、1.0 毫克/千克和 0.2 毫克/千克的标准。目前，国内尚没有艾绿士在杨梅上的 MRL 规定。艾绿士混加咪鲜胺兼防杨梅采前病害，药后 5 ~ 10 天，果实咪鲜胺残留量均在 0.4 毫克/千克以下，且随着使用浓度的提高，咪鲜胺的残留量也相应在增加，但远低于我国在苹果中咪鲜胺和咪鲜胺锰盐最大残留量（MRL）为 2.0 毫克/千克的规定，目前，杨梅中咪鲜胺限量标准尚未制定。

总之，艾绿士用于杨梅果蝇防治，具有防效好、持效期较长、使用安全等特点，建议在杨梅生产上示范推广，但对混加咪鲜胺兼防病害尚待进一步试验。

钝角胸叶甲为害枇杷的初步观察

陈林夏[1]　李学斌[1]*　王　华[2]

（1. 浙江省台州市椒江区农技推广中心，台州　318000；2. 椒江区洪家农技站）

钝角胸叶甲（*Basilepta daridi* Leferre）属鞘翅目，肖叶甲科。它主要为害枇杷的嫩梢和成熟的果实。椒江区山地栽培的枇杷，部分园地发生为害较重。该虫对枇杷的为害，国内尚未见报道。近年对其发生为害、形态特征和生活习性等进行了调查，现将调查结果报告如下。

1　发生为害情况

钝角胸叶甲对枇杷的为害，于1988年5月首次在洪家兆桥乡塔下程村山脚枇杷园发现，此后经调查，在其他一些山地枇杷园也都遭此虫不同程度的为害。

钝角胸叶甲以成虫为害枇杷的幼嫩夏梢和已成熟或转色成熟的果实。枇杷夏梢的叶片被害后，使叶片成为缺刻或洞孔状。受害严重时，夏梢全部被吃光，影响次年的产量。在果实上，成虫常群集为害，使枇杷被啃食成凹凸不平，似不规则的鱼鳞状痕斑，受害部位变褐下陷成疤，使果实失去食用价值，影响当年的经济效益。

据对3个乡山地枇杷的为害调查，一般株被害率平均达60%左右，夏梢被害率为46.0%～52.8%，果实被害率为12.4%～17.6%；为害严重的园地，株被害率达78%，夏梢被害率达70%，果实被害率为21.6%。

该虫除为害枇杷的幼嫩夏梢和果实外，还为害山地栽培的桃、樱桃等果树，以及野草莓、胡枝子等灌木和五叶藤等杂草。其成虫于4月下旬先在枇杷园附近的寄主灌木和杂草上为害，至5月上中旬才迁移到枇杷夏梢和果实上为害，6月下旬成虫入土产卵时停止对枇杷的为害。

2　形态特征

2.1　成虫

椭圆形，体长4.0～4.5毫米，宽2.0～2.5毫米，背板为橙黄色并带有光泽，腹部为黑褐色，复眼凸出黑色圆球形，触角丝状，为体长的1/2左右。

2.2　卵

近梭形，长约0.5～0.6毫米，乳白色，表面有细纹。

2.3　幼虫

头部黑色，体乳白色，长6～7毫米，上生细毛。

---

* 李学斌（1966～　），男，浙江省台州市椒江区林业特产总站高级农艺师，椒江区首席农技专家，一直从事水果技术推广工作

2.4 蛹

纺锤形，体长约 0.8~0.9 毫米，乳白色，各腹节背面有刚毛。

3 生活习性

据观察，钝角胸叶甲以蛹在土壤中越冬，次年 4~5 月羽化成虫，出土为害。成虫感觉灵敏，稍有震扰即弹跳飞翔或落到地面，具有假死性。在阴天或早晨取食活动较盛，遇雨天或光照较强的中午，成虫取食活动减弱，大多栖伏在嫩梢的叶背，以及杂草或土壤缝隙，也将卵产在其中。

4 防治措施

根据成虫具有假死性，在早晨或阴天成虫取食活动较盛时进行人工捕捉，然后集中杀灭。

彻底铲除枇杷园周围的野草莓、胡枝子等灌木和杂草寄主。

在枇杷夏梢抽发时和果实转色成熟前，可选用低毒、低残留的农药进行喷布防治。

水果灾害与防御篇

柑橘冷害的发生与预防措施

李学斌[1]*　　王依清[2]

（1. 浙江省台州市椒江区农业林业局，台州　318000；2. 椒江区加止街道农林站）

　　随着柑橘完熟栽培技术的不断推广与应用，柑橘冷害的发生与为害成为柑橘完熟栽培、实现丰产丰收的一个主要障碍。椒江区柑橘近二三年相继遭到柑橘冷害的影响，给柑橘生产造成很大的损失，严重园块柑橘产量损失 1/3 以上，且冷害果不耐贮藏，腐烂损失更大。笔者通过近两年的观察调查，对柑橘冷害的发生与预防提出以下措施，供各地参考。

1　影响柑橘冷害发生的主要因素

1.1　气候

　　久晴遇雨，遭冷空气袭击，更易受害。据 2006 年、2007 年 10～12 月的天气情况分析，持续的晴热天气后，突遇连续的阴雨天气，即使极端低温在 0℃以上也很容易发生柑橘冷害。如 2006 年 10 月 1 日至 11 月 16 日均为持续的晴热天气，期间仅 10 月 23 日有降雨，11 月 17～26 日出现连续的阴雨天气，11 月 27 日起受冷空气影响，极端最低气温由雨期的 17℃降至 5.8℃，降幅在 10℃以上，11 月 28 日后柑橘果实就有冷害发生。2007 年 10 月 10 日至 11 月 16 日，也为持续的晴热天气，11 月 17～18 日，连续二天降雨 10.8 毫米，11 月 19 日后受冷空气影响，极端最低气温由雨前 16.6℃降至 8.5℃，柑橘果实也有冷害发生，降温幅度不及 2006 年大，同样柑橘冷害发生程度也比 2007 年轻，但当年早熟温州蜜柑受害比满头红重。

1.2　品种

　　早熟温州蜜柑、满头红、本地早等果皮较薄的品种易发生冷害，中、迟熟温州蜜柑等果皮较厚的柑橘品种发生较轻。

1.3　地形

　　一般沿海平原比山地发生重，山坡地橘园因冷空气不容易沉积，柑橘冷害发生轻，沿海平原因冷空气直接侵袭，降温剧烈，柑橘易发生冷害。

1.4　树势

　　管理水平高，树势强的，柑橘冷害发生轻，反之，管理水平低，树势弱，旱情严重的橘园，冷害发生重。

2　柑橘冷害发生的症状

　　柑橘冷害是指 0℃以上的低温对柑橘果实带来的伤害，在椒江一般发生在 11 月中旬至

---

　　* 李学斌（1966～　　），男，浙江省台州市椒江区林业特产总站高级农艺师，椒江区首席农技专家，一直从事水果技术推广工作

12 月上中旬，久旱遇雨，受冷空气影响，气温骤降，昼夜温差大，使一部分顶端果和迎北风面的果实，在清晨果面结露致伤，尤其靠近果蒂部位伤害更重。受害果在 3 ~ 5 天后，在果面形成褐色斑块或条纹或以果蒂为中心形成同心圆斑，表皮干缩，特别是日灼果受害更重。采后贮放，受害处的果皮变软腐烂，产生酒糟气味。轻微受害的果实，初期症状不明显，在采后贮放过程中，易发生腐烂，尤其本地早更为明显，早熟温州蜜柑也如此，树上症状不明显，采后贮放很易腐烂。

3 柑橘冷害的预防措施

加强栽培管理，增强树势，提高抗逆性，尤其做好抗旱灌水工作十分重要。

疏除顶花果和日灼果，顶花果和日灼果易遭冷害，尽早疏除，可减少损失。

根据天气预报，及时做好抢收工作。据 2006 年、2007 年柑橘冷害的受损情况，持续的干旱天气，在冷空气来袭降雨前及时做好抢收工作，可避免冷害和采后的贮藏腐烂损失。

在低温季节或冷空气来临前，搭建大棚避雨设施或覆盖防虫网等，可大大减轻柑橘冷害造成的损失。

做好采后果实的药剂处理。完熟采收的柑橘果实，易遭柑橘冷害等因素的影响，不利柑橘贮藏保鲜，采前或采后及时用 50% 施保功可湿性粉剂 1 500 倍液（咪鲜胺）进行树冠喷雾或采后浸果处理，可延长鲜果的保存期和减少贮藏果实的腐烂损失。

柑橘裂果发生的原因分析及对策

李学斌[*]

（浙江省台州市椒江区农业林业局，台州 318000）

柑橘裂果是一种生理性病害，一般自 8 月开始零星出现，9 月往往是裂果发生的高峰期，10 月以后裂果渐趋减少（文旦除外），尤其灾害性天气多发年份裂果较为普遍，会给柑橘生产带来严重影响，如 1990 年夏秋高温干旱天气的持续和台风暴雨的频繁发生，使椒江柑橘裂果产量损失达 2 625 吨，占柑橘总产的 9.4%，平均亩裂果产量损失 114.6 千克，尤其早熟温州蜜柑裂果更为严重，亩裂果损失 200 千克以上，最高的亩裂果损失达 512 千克。在当年裂果发生高峰期过后，我们开展裂果调查，考察裂果现场，组织果农座谈讨论，分析裂果发生的原因，并提出减少裂果发生措施，供各地做好柑橘裂果预防。

1 柑橘裂果发生的原因分析

通过现场考察和综合分析后认为：引起柑橘裂果发生的原因，主要与柑橘果实迅速膨大期的气候条件有关，尤其 7~9 月间高温干旱和台风暴雨天气的持续或交替发生，造成柑橘果皮和果肉的生长发育失调，是诱发柑橘裂果的主要因素。

1.1 气候条件

从 1990 年椒江洪家国家基准气候站气象记录情况分析，当年 7 月平均气温比常年偏高 0.6℃，其中，中旬有 5 天出现 35℃以上的高温，比历年同期气温高 1.3℃，月内最高气温在 30℃以上的天数有 29 天，月雨量 24 毫米，是历年同期的 20%，也是新中国成立以来的第三个低值年，而且蒸发量达 225.6 毫米，是同期降水的 9.4 倍，从 6 月 26 日至 7 月 31 日长达 35 天，基本上没有下过透雨，土壤、空气十分干燥，温度高，树冠蒸腾作用强，使树体供水出现严重失调，白天中午树冠叶片常表现萎蔫状态，同时，由于干旱，7 月初施下的小暑肥，也因土壤缺水不能充分吸收利用，这给正处于迅速生长和需水较多时期的柑橘果实发育带来严重影响，树体供水不足时，叶片要优先夺走果实的水分来满足自己的蒸腾需要，除柑橘果实本身的发育需水不能满足外，果实固有的水分还被用来缓和叶片水分的亏缺，使柑橘果实发育减缓，甚至出现停滞，同期果实果皮薄、果实大小也明显少于往年。据 RoRach（1953）证明沙漠蒂甜橙在水分亏缺期间，供给叶片的水分，主要由果皮供给的现象，缺水时对柑橘果实发育的影响，果皮大于果肉，也就是缺水时柑橘果皮发育的影响较果肉膨大明显。而当年 8 月的第一天，受 9 号强热带风暴影响，降雨 63.1 毫米，后又连遭 12 号、15 号两次强热带风暴和台风的影响，使 8 月降雨量达 442.7 毫米，为 40 年来同期的第二个多雨月，月降水量比历年同期高 126.87%，9 月又是多雨月，月雨日有 19 天，降水量

---

* 李学斌（1966~ ），男，浙江省台州市椒江区林业特产总站高级农艺师，椒江区首席农技专家，一直从事水果技术推广工作

达 342.3 毫米，是历年同期的 174.4%。由于受 8 月、9 月雨水的充足供应和 7 月初施下小暑肥肥效发挥的双重影响，使果实沙囊迅速吸水膨大并积累较多碳水化合物，促进柑橘果肉迅速发育膨大，对柑橘果皮产生很高的压力。当果皮不能承受果肉迅速膨大产生很高的膨压，超出承受能力时，就使果皮出现破裂，即产生裂果。

1.2 果实发育

从柑橘果皮的发育规律分析，一般 7 月底果皮就已长至最大厚度，进入 8 月以后果皮还要继续变薄。高温干旱天气的持续，就会影响柑橘果皮正常的发育增厚，使果皮变薄，果肉的生长也受抑制。据我们 1990 年 10 月进行的多点采样考查结果，也证实当年柑橘因干旱果皮发育较差，果皮明显偏薄，当年早熟温州蜜柑的果皮厚度仅为 0.20 ~ 0.23 厘米，较往年的 0.22 ~ 0.26 厘米薄 0.02 ~ 0.03 厘米。果皮薄，雨水供应不均，尤其 7 ~ 8 月干旱，8 ~ 9 月雨水充足供应，更会加剧柑橘裂果发生。

2 影响柑橘裂果发生的因素

2.1 地域

不同地域种植的柑橘，裂果程度存在明显差异。一般山地种植的柑橘，由于土壤保湿保水条件好，抗旱能力较强，裂果发生轻，海涂土壤质地差，黏性重，易受涝受旱，裂果发生重。平原柑橘介于山地与海涂之间，裂果发生属中等。据我们对不同地域种植的具有一定代表性的园块，选择树冠大小和长势相近的早熟温州蜜柑树调查，山地柑橘裂果发生轻，平均裂果率为 6.1%。其次是平原柑橘，裂果率为 17.2%，海涂柑橘裂果最为严重，平均裂果率为 29.4%，最高的裂果率达 32.3%（表 1）。

表 1　不同种植地域的柑橘裂果发生情况

地域类型	调查地点	树龄	砧木	裂果率（%）	平均裂果率（%）
山地	杨司乡竹岙村	9	枳壳	4.2	6.1
	栅浦乡水门村	7	枳壳	7.8	
	西山乡后村	6	枳壳	6.3	
平原	山东乡新欢村	6	构头橙	21.7	17.2
	加止镇明星村	6	枳壳	11.7	
	洪家镇前洪村	7	枳壳	18.1	
海涂	山东乡民欢村	9	构头橙	28.9	29.4
	甲北乡六甲村	8	枳壳	27.0	
	三甲镇七塘村	6	本地早	32.3	

2.2 品种品系

在同一园块种植，砧木、树龄、管理等都基本一致的不同柑橘品种品系，裂果发生程度有较大差异。皮薄多汁的早熟温州蜜柑裂果发生最为严重，平均裂果率 25.1%，最高的裂果率达 26.9%，其次是中、晚熟温州蜜柑因果皮发育较厚，裂果相对轻些，平均裂果率为5.2%。再次是本地早、早橘的裂果率分别为 2.0%、2.2%。而果皮宽松的椪橘，裂果发生最轻，平均裂果率为 1.4%（表 2）。

文旦裂果往年都有发生，1990年文旦裂果发生特别早，比往年早15天，9月1日就有裂果，9月15日裂果率达8.5%，国庆前裂果近20%。许多果农为减少裂果损失，国庆刚过就开始采摘，比往年提早采收10～15天。

表2　不同柑橘品种品系的裂果发生情况

品种品系	调查地点	树龄	砧木	裂果率（%）	平均裂果率（%）
早熟温州蜜柑	杨司乡双阳村	5	枳壳	25.3	25.1
	椒江农场	9	枸头橙	23.1	
	甲北乡六甲村	7	枸头橙	26.9	
中、晚熟温州蜜柑	杨司乡双阳村	5	枳壳	3.2	5.2
	椒江农场	9	枸头橙	6.5	
	甲北乡六甲村	7	枸头橙	6.0	
椪橘	西山乡后村	10	枸头橙	1.6	1.4
	椒江农场	9	枸头橙	1.5	
	栅浦乡水门村	12	枸头橙	1.1	
本地早	西山乡后村	21	枸头橙	2.5	2.0
	椒江农场	24	枸头橙	2.0	
	甲北乡六甲村	17	枸头橙	1.4	
早橘	椒江农场	23	枸头橙	2.2	2.2
文旦	甲北乡六甲村	8	土栾	8.5	8.5

2.3　抗旱

抗旱是橘园夏季管理的一项重要内容，特别是7月的抗旱，对柑橘的生长和果实发育影响很大，凡及时做好抗旱的橘园，裂果发生显著减少，且抗旱次数多、抗旱质量好的裂果发生又较抗旱次数少、质量差的轻，而没有抗旱的园块，裂果发生重（表3）。

表3　抗旱灌溉对柑橘裂果的影响

调查地点	树龄	品种品系	抗旱时期、方法、次数	裂果率（%）
下陈镇杨家村	8～10	早熟温州蜜柑	7月园沟灌水3次	9.2
三甲镇七塘村	8	早熟温州蜜柑	7月园沟灌水1次	29.3
三甲镇海宝村	9～10	早熟温州蜜柑	7月未抗旱	35.4
加止镇星光村	7	中、晚熟温州蜜柑	7月园沟灌浇水3次	3.6
加止镇五洲村	7	中、晚熟温州蜜柑	7月园沟灌浇水2次	4.2
甲北乡光辉村	9	早熟温州蜜柑	7月未抗旱	36.8
山东乡民辉村	10	早熟温州蜜柑	7月沟灌2次	24.9
山东乡民辉村	8	早熟温州蜜柑	7月灌浇水1次	41.1
山东乡民辉村	6	早熟温州蜜柑	7月未抗旱	55.1

注：柑橘抗旱各村均统一行动，在调查时只对邻村选有一定代表性的园块进行比较。而山东乡民辉村系由同一户管理不同园块的调查结果

2.4 激素

在柑橘幼果期使用九二〇等激素进行保果的橘树，裂果发生显著减少，特别是用九二〇涂果处理，裂果发生很轻。据我们在杨司乡双阳村柑橘保果试验园调查，同一园块、树龄、品种品系、长势、管理等都基本一致的橘树，用九二〇涂果，裂果发生最少，裂果率仅2.3%，比未处理的裂果率24.6%低22.3%，比喷爱多收和九二〇的裂果率6.1%、7.7%，分别低3.8%和5.4%。另外在7月旱期或久旱遇雨后及时喷用九二〇，裂果发生明显减少（表4），这可能与使用九二〇等激素后，果皮组织发达，抗裂果能力增强有关。

表4　九二〇处理对柑橘裂果的影响

调查地点	树龄	品种品系	激素等使用时期和方法	裂果率（%）
杨司乡双阳村	5	早熟温州蜜柑	5月喷50毫克/千克九二〇保果二次	7.7
	5	早熟温州蜜柑	5月用300~500毫克/千克九二〇保果一次	2.3
	5	早熟温州蜜柑	5月喷爱多收5 000倍液保果二次	6.1
	5	早熟温州蜜柑	未喷激素	24.6
加止镇星明村	6	中、晚熟温州蜜柑	8月7日喷25毫克/千克九二〇	0.8
	6	中、晚熟温州蜜柑	未喷九二〇	4.3
山东乡群欢村	9	早熟温州蜜柑	8月14日喷40毫克/千克九二〇加0.3%~0.4%复合精	10.1
	9	早熟温州蜜柑	未喷九二〇及复合精	25.0
加止镇五九村	5	早熟温州蜜柑	5月用400毫克/千克九二〇涂果二次	5.15
	5	早熟温州蜜柑	未用九二〇涂果	11.35
洪家镇前洪村	10	早熟温州蜜柑	7月15日喷30毫克/千克九二〇一次	8.8
	10	早熟温州蜜柑	未喷九二〇	27.4

2.5 施肥

在久旱遇雨后施肥，会对柑橘裂果产生明显影响，凡在8月久旱遇雨后及时进行地面追肥的橘树，裂果率大大高于未施肥的橘树。据山东乡群欢村徐美宝介绍，他家的150株6年生早熟温州蜜柑，其中，70株橘树8月20日株施$KH_2PO_4$0.075千克，尿素0.2千克，人粪尿10千克，到9月12日调查，平均裂果率达29.9%，而同一片园，因受天气和当时肥料的限制，没有进行施肥的80株橘树，裂果率仅14.8%，比施肥的裂果率低15.1%。另对其他几个农户的调查也表明：凡8月上中旬进行地面追肥，均会加剧柑橘裂果的发生，这可能与肥水供应充足，果肉发育进程加快，从而导致柑橘裂果发生率增加（表5）。我们在调查中还发现，6~7月增施有机肥料和磷钾肥料，特别是增加钾肥用量的园块，裂果发生轻，而以增施氮肥为主，钾肥缺乏的橘园，裂果发生重，这和KOO（1963）发现低钾树上的裂果较多的报道是一致的。另外，7~8月树冠常喷0.2%~0.3% KH_2PO_4加0.3%~0.4%的复合精，对减少裂果发生也有一定作用。

2.6 砧木、树势、挂果量

不同的砧木，树势强弱和挂果量多少，裂果也有差异。经多点调查，凡构头橙砧木、树势强、挂果量多的，裂果发生重，反之，枳壳砧木、树势较弱、挂果量较少的，裂果发生轻。据对椒江农场二大队橘园的调查，构头橙砧早熟温州蜜柑的裂果率比枳壳砧高 2% ~ 5%。另对洪家镇街洪村黄奎丰橘园调查，砧木、树龄、品种、管理等都基本一致的橘园，凡株挂果量在 70 只以下的橘树，都未出现裂果，而株挂果量在 70 ~ 100 只以上的橘树，均出现各种不同程度的裂果。由此说明，挂果量多少也会影响裂果的发生。

表 5　地面施肥对柑橘裂果的影响

调查地点	树龄及品种	施肥时期、方法及用量	裂果率（%）
三甲镇七塘村	7 年生早熟温州蜜柑	8 月 14 日株浇施人粪尿 30 千克	31.1
		未施肥	11.8
洪家镇街洪村	6 年生早熟温州蜜柑	8 月 14 日株浇施人粪尿 30 千克	95.1
		未施肥	8.55
山东乡民辉村	11 年生早熟温州蜜柑	8 月 13 日株施尿素 0.25 千克，复合肥 0.3 千克，KH_2PO_4 0.1 千克，KCl 0.15 千克	40.1
	8 年生早熟温州蜜柑	8 月 14 日株施尿素 0.15 千克，复合肥 0.2 千克，KH_2PO_4 0.05 千克，KCl 0.1 千克	23.7
	6 年生早熟温州蜜柑	8 月 14 日株施尿素 0.1 千克，复合肥 0.15 千克，KCl 0.075 千克	27.1
	6 年生早熟温州蜜柑	未施肥	10.9
山东乡群欢村	6 年生早熟温州蜜柑	8 月 20 日株施 KH_2PO_4 0.075 千克，尿素 0.2 千克，人粪 10 千克	29.9
		未施肥	14.8

3　预防柑橘裂果发生的对策

3.1　及时做好橘园的抗旱保湿，是减少柑橘裂果发生的一项重要措施

夏秋季节要加强橘园的肥水管理，发现干旱苗头，要及时组织抗旱，一般橘园都采用沟灌。对有条件的地方，可使用喷滴灌供水，增加空气相对湿度，每日喷 3 ~ 5 次，或进行浇灌，补充土壤水分，使土壤保持湿润疏松状态，尽量不用漫灌，旱季来临前要做好中耕松土，并用稻草、杂草等物覆盖树盘，减少土壤水分蒸发，提高土壤抗旱能力。

3.2　增施有机肥料和提高用钾水平

橘园深翻压绿、增施腐熟猪牛栏肥等有机肥料，改善土壤结构，提高土壤的保肥保水性能，促进树体的健壮生长，增强抗逆性。同时，在施肥种类上，提高 P、K 的施肥水平，尤其 7 月上旬施小暑肥时，适当增加钾肥的用量，提高树体的钾素水平，对促果膨大和果皮组织发达，对减轻裂果发生有重要作用。但必须注意的是，在灾害性天气发生期间，为及时补充树体营养，减轻对树体的刺激和提高肥效，宜选择根外追肥，地面追肥一定要慎重，以防加剧对树体的损害。

3.3 根外追肥结合喷用激素

在久旱不雨或久旱遇雨后，及时喷 30~40 毫克/千克九二〇或 0.3% 尿素 +0.2% 磷酸二氢钾 +30 毫克/千克九二〇或九二〇加复合精等叶面肥料，均能有效降低柑橘裂果发生率。

3.4 及时摘除裂果

当树上有裂果发生时，及时摘除裂果，可减轻柑橘裂果的继续发生。

3.5 环割

久旱遇雨后，及时对枝干进行伤皮不伤骨的环割，即在枝上环割 1/2 圈，调节树体内水分和养分的输送，也可减少柑橘裂果发生。

烟气中氟扩散对柑橘的影响和挽救措施

陈林夏　李学斌[*]

（浙江省台州市椒江区农业林业局，台州　318000）

近年，随着我国工业和乡镇企业的迅猛发展，工厂排放的有毒气体和废水，污染空气和环境，并致使有些农作物中毒受害，影响生产的事件时有发生。如我们椒江市前所镇堂里王铸件厂，在 1987 年 5 月 26 日加工铸件产品时，排放出的烟气，使周围种植的 280 株柑橘遭受氟污染危害。事发后，根据各级政府与部门的要求，对受害柑橘进行调查，采取柑橘叶片进行含氟测定分析，并提出挽救措施。现将有关情况介绍如下。

1　柑橘叶片含氟量的分析

距铸件厂 50 米以内的污染区柑橘叶片出现枯焦，细胞组织发生坏死。经测定分析，叶片含氟量为 48.9 毫克/千克。据查有关资料，已超过柑橘叶片能承受的含氟量，比之远离厂区 150 米以外的非污染区柑橘叶片含氟量 5 毫克/千克高 8.8 倍。

2　对柑橘落叶落果的影响

柑橘受烟气中氟污染后，首先表现落叶落果严重，尤以落叶量增加显著。落果情况与生理落果有明显区别：一般第一次生理落果，幼果是连果柄一起脱落，而受害树的落果，果柄基部仍新鲜，果柄上部连同幼果枯焦变褐脱落。其次是受害树抽发的春梢嫩叶出现畸形扭曲和褪绿等，这与美国佛罗里达州大气氟监测工作者报道的关于柑橘幼叶的含氟量达到 20～30 毫克/千克时，叶片就褪绿，大气已受氟污染的结果是一致的。采收时经产量过秤，受害的 280 株柑橘仅收橘果 6 303 千克，平均株产 22.5 千克。这同污染区柑橘的管理、树龄、树冠、长势等都基本一致的 80 株未受害柑橘平均株产 30.9 千克，减产 37.3%。

3　挽救措施

对受害柑橘喷洒 1% 的石灰水，在石灰水中配以 0.8% 的尿素、0.6% 的硫酸铜和 0.5% 的硫酸锰等微量元素，对已发生的褪绿病有所减轻，取得了较好的复绿效果。

---

　* 李学斌（1966～　），男，浙江省台州市椒江区林业特产总站高级农艺师，椒江区首席农技专家，一直从事水果技术推广工作

海涂柑橘涝害调查

陈林夏　李学斌[*]

（浙江省台州市椒江区农业林业局，台州　318000）

1　概况

椒江市受 1987 年第十二号台风外缘的影响，9 月 9～10 日两天降雨量达 324.6 毫米（洪家国家气象基准站记录），仅 10 日 20～21 时降雨 82 毫米。暴雨后，栅浦闸水位高达 5.3 米，岩头闸和华景闸分别为 4.7 米和 5.25 米。海门港潮位上升到 5.78 米。由于降雨量大、潮位高，排水入海速度慢，使大片粮田、棉花、柑橘、蔬菜淹在水中，遭受严重的损失。

全市 44 527 亩柑橘，除山地栽培的以外，海涂和平原柑橘都遭淹没，受淹面积达 38 891 亩，占总面积的 87.34%，其中，受淹 2 昼夜（48 小时）以上的有 22 894 亩。海涂栽培的 15 997 亩柑橘，淹水时间更长，有的近 4 昼夜（100 个小时）。

受涝后的柑橘，出现死亡和严重落叶。据调查，山东乡 2 396.4 亩海涂柑橘，目前，已死亡的有 3 593 株，计 59.88 亩，占总面积的 2.5%。严重落叶的有 3 770 株，计 62.8 亩，占总面积的 2.6%。再如，三甲区 4 124.2 亩海涂柑橘，死亡的有 1 100 株，计 18.3 亩，占总面积的 0.44%（表 1、表 2）。其他各区、乡（镇）的柑橘，也有死亡和不同程度的落叶情况。

表 1　山东乡柑橘涝害情况调查

村名＼项目	调查株数	其中			
		死树株数	占（%）	严重落叶树株数	占（%）
王　家	17 500	532	3	347	2
沙　田	11 523	211	1.8	146	1.3
吴　叶	9 668	164	1.7	286	3
赞　扬	12 763	787	6.2	688	5.4
新　欢	9 740	291	3	344	3.4
民　欢	14 206	408	2.9	607	4.3
东　风	14 024	154	1.1	136	1
陶　王	8 284	81	1	25	0.3
东　欢	14 753	239	1.6	450	3.0
群　欢	12 863	395	3.1	155	1.2
岳　头	7 350	180	2.4	297	4
岩　头	9 921	148	1.5	299	3
百　果	1 190	3	0.3	—	—
合　计	143 785	3 593	2.5	3 780	2.6

---

* 李学斌（1966～　），男，浙江省台州市椒江区林业特产总站高级农艺师，椒江区首席农技专家，一直从事水果技术推广工作

表 2　三甲区受涝柑橘死树情况调查

项目 乡（镇）名	调查株数	死树株数	死树（%）	其中	
				构头橙砧株数	枳壳砧株数
沙北乡	32 688	199	0.61	164	35
三甲镇	59 743	194	0.32	58	136
下陈镇	15 842	29	0.18	24	5
甲北乡	88 322	342	0.39	323	19
水陡乡	4 455	53	1.19	—	53
石柱乡	47 000	283	0.60	268	15
合　计	248 050	1 100	0.44	837	263

表 3　温州蜜柑淹水时间与涝灾的关系

项目 村名	调查株数	淹水时间	死树株数	死树占（%）
民辉	2 460	2 昼夜以上	18	0.73
民辉	2 520	3 昼夜以上	26	1.03
沙田	11 523	3 昼夜以上	211	1.83
吴叶	9 668	3 昼夜以上	164	1.70
民辉	2 640	4 昼夜以上	300	11.36
岳头	7 350	4 昼夜以上	180	2.45
群欢	12 863	4 昼夜以上	395	3.07

2　涝灾原因与分析

调查结果表明，受涝柑橘引起叶片枯萎、落叶落果，甚至死亡，与以下几个因素有关。

2.1　淹水时间

据山东乡的民辉、沙田、吴叶、岳头、群欢 5 村调查，凡植株在根颈以下淹水 2 昼夜（48 小时）以上的，都出现落叶落果，有的甚至死亡。淹水时间越长，落叶落果越严重，死树也越多。如民辉村 7 620 株 20 年生的温州蜜柑，其中，淹水在 2 昼夜（48 小时）以上的有 2 460 株，死亡 18 株，占 0.73%，淹水在 3 昼夜（72 小时）以上的有 2 520 株，死亡 26 株，占 1.03%；淹水在 4 昼夜（96 小时）以上的有 2 640 株，死亡 300 株，占 11.36%。可以看出，死树百分率随淹水时间的增加而递增，说明淹水时间与柑橘树体损害程度及导致死亡有正相关的趋势（表 3）。

2.2　施肥

涝前的不同施肥时间、施肥方法，对涝后橘树有不同程度的损害。

涝前 5 天，以常规地面施肥的橘树，无明显受害反应。

涝前5天内施肥的，因施肥方法肥料种类不同，出现不同程度的落叶落果，甚至死亡。山东乡民辉、群欢、赞扬3村的部分橘园涝前采用耙土施肥或穴施（人肥加化肥）的都出现死株，例如，调查78株涝前施肥的，涝后有62株死亡，占79.49%。人肥加化肥对水浇施的13株柑橘，涝后死亡3株，占23.08%，而涝前采用墩面撒施（复合肥、尿素、碳酸氢铵等）的125株柑橘，涝后无死株出现，仅有少量落叶落果（表4）。在同块橘园，涝前没有施肥的，涝后也没有出现死株。

涝前耙土施或穴施，施下的肥料可能由于当时天气干旱，土壤水分少，对根系有一定的损伤，使根系的吸水机能减弱，而树体地上部分的蒸腾作用仍在不断地进行，此时树体处于缺水状态。当根系还未及恢复时，又遇到长时间的淹水，根系又处于缺氧状态，进行无氧呼吸，再加上土壤嫌气性微生物的作用，积累了有机酸和还原性有毒物质，造成橘根中毒、霉烂。最后以"肥害"加"水害"导致橘树死亡。至于采用墩面撒施的橘树，因肥料撒在土表，离柑橘根系分布距离较远，遇大雨，大部分肥料随水流淌。

表4 涝前施肥与涝灾的关系

户名＼项目	调查株数	施肥方法	肥种及数量	死树株数	死树率（%）
叶XX	13	浇施	人粪尿一桶、尿素、复合肥各0.125kg	3	23.08
叶XX	25	耙土施	人粪尿一桶、尿素0.35~0.4kg	21	84
陈XX	13	耙土施	人粪尿一桶、尿素0.35~0.4kg	13	100
陈XX	15	耙土施	人粪尿一桶、尿素0.35~0.4kg	10	66.67
叶XX	17	耙土施	人粪尿一桶、尿素0.35~0.4kg	13	76.47
陈XX	13	未施肥	—	—	—
叶XX	40	未施肥	—	—	—
徐XX	15	撒施	碳铵0.5~1kg，过磷酸钙0.5kg	—	—
李XX	8	穴施	尿素和复合肥各0.25kg	5	62.5
王XX等三户	110	撒施	尿素和复合肥各0.375kg	—	—

注：调查的269株柑橘均在涝前5天内施肥，淹水时间均为4昼夜

表5 松土除草与涝灾的关系

	调查株数	淹水时间（小时）	用肥种与数量	死树株数	死树率（%）
叶XX	25	96	施肥结合松土	21	84
陈XX	13	96	施肥结合松土	13	100
陈XX	15	96	施肥结合松土	10	66.67
叶XX	17	96	施肥结合松土	13	76.47
陈XX	17	96	松土	2	11.76
叶XX	30	96	未松土	—	—

（续表）

	调查株数	淹水时间（小时）	用肥种与数量	死树株数	死树率（%）
赞扬	1 000	60	生草	—	—
新欢	1 100	60	生草	—	—
赞扬	3 896	60	未生草	77	1.98
新欢	1 914	60	未生草	108	5.64

2.3 松土除草

涝前松土除草会加重涝害。如民辉村一农户承包的 17 株柑橘，涝前除草松土，涝后有 2 株死亡。涝前松土又结合施肥的，涝后死株更多。如调查 70 株涝前松土又施肥的橘树，涝后有 57 株死亡，死株率高达 81.43%。调查赞杨、新欢 2 村 7 916 株柑橘，其中，涝前不松土除草（即生草）的 2 100 株，在淹水 2 昼夜以上（60 小时）的情况下，未出现严重落叶和死株；而松土除草的 5 810 株，却有 185 株死亡，死株率达 3.18%（表5）。可见涝前松土除草，虽土壤空隙度增加，但遇涝后表土泥易成糊状板结，而深土层出现"水膨"，即土壤空隙长时间被水充满，使柑橘根系因"水害"死亡。

2.4 砧木

不同砧木，对涝害的表现不一。如山东乡陶王、东欢、新欢、王家、群欢 5 村的 11 173 株温州蜜柑，其中，枳壳砧 8 143 株，构头橙砧 3 030 株。受涝后，枳壳砧死 63 株，死株率 0.77%；构头橙砧死 294 株，死株率 9.7%（表6）。据三甲区 6 个乡（镇）调查统计，枳壳砧死株率为 0.1%，构头橙砧死株率 0.34%（表2）。构头橙砧的死亡率高于枳壳砧，其原因可能有以下两点：一是构头橙砧根系在土层中分布较深，枳壳砧根系在土层中分布较浅，因而受涝时间前者比后者相对的长；二是枳壳砧较构头橙砧耐涝。

表6 不同砧木种类与涝灾的关系

村名 项目	砧木种类	调查株数	死树株数	死树率（%）	备注
陶王	枳壳	2 143	40	1.87	
新欢	枳壳	5 000	15	0.30	1. 淹水时间均为 4
群欢	枳壳	1 000	8	0.80	昼夜
合计		8 143	63	0.77	
东欢	构头橙	2 500	52	6.08	
新欢	构头橙	380	62	16.32	2. 王家死树以 1～2
王家	构头橙	150	80	53.33	年生幼龄橘为主
合计		3 030	294	9.70	

椒江区大棚葡萄冻害调查

李学斌[*]

（浙江省台州市椒江区农业林业局，台州　318000）

2010 年 3 月 9 日台州市椒江区突遭强冷空气的袭击，10 日早晨最低气温降至 -2℃，大棚葡萄突遭 0℃ 以下的低温，枝叶冻熟，变褐枯萎，损失惨重。冻害发生后，我们及时赴三甲、下陈、洪家等葡萄产地了解灾情，并进行现场技术指导，帮助做好灾后生产恢复工作，力争把灾害造成的损失降到最低限度。据初步统计，这次强冷空气袭击，椒江区 153.3 公顷大棚葡萄，其中，受灾面积达到 100 公顷，减产 2/3 以上的有 33.3 公顷，预计造成的经济损失 500 万元以上。现将这次受冻情况调查总结如下。

1　影响大棚葡萄受冻的几个因素

1.1　气候

连阴雨天气后突遭冷空气袭击，更易受冻，据椒江区气象局提供的资料，2 月 26 日至 3 月 29 日持续下雨，过程降水量共 167.1 毫米，其中，3 月 2~8 日连续 7 天无日照，受强冷空气影响，10~11 日椒江区连续出现 0℃ 以下低温天气，两日极端最低气温分别为 -0.7℃ 和 -1℃，并出现冰冻，其中，10 日有降雪，连阴雨天气后，大棚葡萄棚内温度降至 0℃ 以下，就极易发生冻害。

1.2　树势

树势强弱与受冻程度密切相关，树势强的受冻轻，树势弱的受冻重。

1.3　新梢老熟程度

低温期间，枝梢老熟程度高的受冻轻，反之棚内高湿新梢徒长的受冻重。

1.4　单、双膜覆盖

大棚葡萄单膜覆盖的受冻比双膜覆盖的轻，可能是单膜覆盖棚内外温差少，受冻轻，而双膜覆盖，棚内外温差大，温度变化剧烈，易受冻。

1.5　棚架保温性能

在低温期间，棚架牢固，密封性能好的受冻轻，反之简易棚架密封性能差，尤其顶部天沟棚膜交接处通风漏气的受冻重。

1.6　抽梢期的管理

新梢抽发期，在连阴雨期间，正常通风换气，及时喷施营养液，新叶转绿快，生长健壮的受冻轻，如连阴雨期间，棚内一直保持高湿生长环境，新梢生长徒长的受冻重。

---

　* 李学斌（1966~　），男，浙江省台州市椒江区林业特产总站高级农艺师，椒江区首席农技专家，一直从事水果技术推广工作

2　大棚葡萄受冻后的补救措施

2.1　及时剪除受冻枝梢

新梢受冻变褐，受冻部位要及时剪除，以减少消耗，促进树势的恢复和新梢的萌发。

2.2　防好病害

受冻后树势弱，伤口多，易诱发一些病害的发生，主要应做好葡萄黑痘病、穗轴褐枯病及炭疽病等病害的防治，可选用科博 500~600 倍液或霉能灵 800~1 000倍液等进行防治。

2.3　根外追肥，补充树体营养

为促进树势的恢复，对受冻大棚葡萄，可结合病害防治，混加绿美营养液 500~600 倍液进行树冠喷施，或用绿美 400 倍液地面浇施。

2.4　开沟排水，降低地下水位

使棚内保持适当干燥状态，以促进树势恢复和提高树体的抗逆性。

2.5　加强防冻保暖等日常管理工作

在冷空气袭击前，要做好大棚的通风换气，检查大棚的牢固度和保温性，尤其顶部棚膜要完整密封，同时，根据气象预报，如遭遇 0℃ 以下的低温，夜间要做好棚内灯光或木炭加温等工作，以减轻冻害发生。

3　注意事项

清理受冻枝叶，宜用整枝剪剪除，不宜用手掰除，以减轻剪口伤流，影响树势的恢复。

对受冻枝叶，受冻部位界限明显的，先剪除明显受冻部位，其他界限不明的，要待界限明显后再行剪除。

3~4 月天气反复多变，要及时做好棚内温湿度调控和新梢管理等各项日常工作，以提高新梢的抗冻能力。

2010年冬椒江区果树雪害调查浅析

李学斌[*]

（浙江省台州市椒江区农业林业局，台州　318000）

由于受高空槽东移和强冷空气南下共同作用，2010年12月15日起椒江区出现暴雪冰冻天气，48小时降温幅度达12.7℃，16日平均气温达-0.4℃，成为椒江区自1966年以来12月同期出现的最低日平均气温，15日傍晚至16日6：30，普降暴雪，雨雪量28.2毫米，16日凌晨最低气温降至零下2~4℃，平均积雪深度11厘米，局部地区积雪高达15~16厘米，对椒江区的果树生产造成严重影响，全区4.5万亩果树，受灾面积达到1.2万亩，其中以柑橘和葡萄两大果树受灾较重，预计造成的经济损失在800万元以上，现将这次雪灾对果树的影响和灾后的补救措施介绍如下。

1　影响果树雪害程度的因素

1.1　不同棚架（网室）类型，果树受损程度有差异

这次雪害对果树生产的影响，主要以大棚栽培的受灾较重，如大棚葡萄和大棚柑橘受损较为严重，大棚葡萄指已盖上薄膜的葡萄园，因棚顶积雪，压坏棚架和枝蔓，造成棚架坍塌，尤其竹架连栋大棚受损严重，平均亩损失超2 000元。而未盖膜的葡萄园或钢架连栋大棚或单栋薄膜大棚基本没影响。网室钢架大棚受损也较轻，仅顶部和四周的防虫网破损，骨架基本完好。而对连栋毛竹大棚，连栋棚面积越大，雪后受灾损失越大，尤其未经设计和规范建造的连栋大棚受损严重，而通过设计和规范建造的连栋大棚受损较轻。

1.2　不同的果树品种，果实受冻程度有差异

雪灾对各种果树正常的生长发育和成熟采收均带来一定的影响，尤其对处于坐果期的枇杷和成熟采收期的柑橘影响最为明显。据初步调查统计，受12月15~16日的降雪和低温影响，枇杷幼果的受冻率在20%~30%以上，而尚未采收的柑橘成熟果实，露地栽培的全部受冻，大棚栽培的果实受冻程度不一，受冻程度与棚架结构和管理有关。受冻果实从外观看，果皮受冻症状不甚明显，仅个别果实在果蒂处有冻熟症状，但剥开果实，发现果肉部分均有冻熟现象，只不过冻熟程度差异而已，且冻后1~2天症状不明显，但随着时间的推移，受冻症状更为清晰，如不及时采摘销售，继续留树贮藏，就会造成果实腐烂和很大的经济损失，及时采摘销售，可减少损失。受冻果实从品种来看，不同柑橘品种，成熟果实受冻程度也有差异，甜橙类和葡萄柚类果实，因果皮紧实，较椪柑、温州蜜橘等宽皮柑橘类果实受冻轻。

1.3　不同柑橘品种品系，树体受冻程度有差异

据初步观察，这次雪灾对柑橘树体的影响，造成部分梢叶焦枯，引发部分落叶，以满头红和葡萄柚类受冻较重，其他依次为脐橙、文旦、早熟温州蜜柑，少核本地早和中、晚熟温

---

　*　李学斌（1966~　），男，浙江省台州市椒江区林业特产总站高级农艺师，椒江区首席农技专家，一直从事水果技术推广工作

州蜜柑表现较强的耐寒性，基本未受影响。

1.4 不同树龄的果树，受害程度也有差异

幼龄树怕雪不耐冻，易受灾，成年树受雪灾影响相对较少。这次雪灾对幼龄未结果枇杷树和高山未成林杨梅树影响较大。枇杷由于叶大易积雪，再加上幼树根易浅，受雪压影响，易造成树冠和根系松动而发生倾斜或倒伏，幼龄未结果枇杷树倾斜或倒伏率达 10% 以上。高山幼龄杨梅树，主要是低温造成部分枝干冻裂，影响树势。幼龄柑橘树，未抽晚秋梢的零星受冻，而抽发晚秋梢的受冻较为严重。

1.5 不同的栽培管理水平，受冻程度有差异

对生产管理水平高，树势强，棚架结构完整，下雪期间又及时排除积雪的受损（冻）轻；反之，管理粗放，又是简易棚架，抗雪防冻措施不力的受冻重，损失大。

2 雪灾后的补救措施

2.1 清除树冠积雪

雪后及时发动广大果农清除树上积雪，防止因积雪压裂、压断枝条。对清除积雪，树冠积雪不多的，可采取摇树清除，而对树冠积雪较多、较厚的，要用细竹竿轻拍枝干除雪，同时要防止除雪不当和融雪降温等对果树枝叶产生的伤害。

2.2 扶正倾斜树冠

对因积雪造成树冠倾斜和根系松动的，雪后及时扶正树冠、压实土壤和做好培土等工作，以促进根系恢复。

2.3 修整破损枝叶

对因雪压引起果树枝杈的断裂，要及时将撕裂未断的枝干扶回原生长部位，用绳子或竹竿绑护固定或加塑膜包扎，设法使其恢复生长；对于完全折断的枝干，应及早锯平伤口，并涂以接蜡等保护剂；对严重受损的枝条、叶片和果实要及时剪除，以减少水分蒸发和养分消耗，防止枯枝死树。

2.4 补充树体营养

对受冻常绿果树应在气温回升后，选择晴朗天气的 9：00 ~ 15：00 时树冠喷 0.3% 尿素加磷酸二氢钾或绿美等有机腐殖酸类营养液，每隔 7 天喷 1 次，连喷 2 ~ 3 次，补充树体营养，促进树势恢复。

2.5 及时预防病害

对受冻常绿果树，伤口多，易诱发各种病害发生，灾后可结合根外追肥，树冠喷 78% 科博可湿性粉剂 600 ~ 800 倍液等杀菌剂进行预防各种病害。

3 几点建议

对果树大棚栽培，地处沿海，灾害性天气频繁发生，普通大棚抗灾能力弱，应尽量选用钢架大棚，并邀请有资质的大棚设计施工单位建造。

大棚葡萄栽培，根据当地的气象条件，不宜在 12 月实施封膜搭棚，为保证休眠和促发新梢，宜在 1 月中旬以后封膜。另外对柑橘等常绿果树，为提高抗寒性和抗雪防冻，要强化管理，严格控制晚秋梢的发生。

下雪期间，大棚栽培果树，根据各种果树的生长特点和所处的时期，酌情排除棚顶积雪

或积雪前揭膜，可大大减轻雪灾的损失。

对竹架大棚葡萄，封膜前要做好棚架的整修和加固，提高抗灾能力。对新建的连栋大棚，每棚面积应控制在 0.67 公顷左右，南北朝向，有利抗灾和提高效益。

根据气象预报，在雪灾和低温冻害来临前，要及时采收成熟柑橘，确需延期采收的大棚柑橘，要采取棚内木炭加温等措施，防冻保暖。

水果产业调研篇

果园套种蚕豆模式的实践与思考

李学斌[*]

（浙江省台州市椒江区农业林业局，台州　318000）

1　概要

果园套种是一项有效提高自然资源利用率，提高果园复种指数，促进农业产业结构调整的重要技术措施之一，也是推进农业产业转型升级，实现农业增效、农民增收的一条重要途径。果园套种蚕豆是一种高效立体生态种植模式，非常适合人多地少，劳动力资源丰富的地区发展，国外有关研究报道较少，国内在玉米、柑橘、葡萄等作物上对套种模式有较多研究，但对果园套种模式的系统研究甚少。如何适应农业产业结构调整的需要，充分利用种植空间，探索果园套种新模式，提高果园单位面积的产量和效益，成为当前农业结构调整研究的一项重要课题。水果为椒江重要的经济作物，也是椒江农业的主导优势产业之一，近几年来，椒江区以"万元田工程"建设为载体，以实施立体套种为抓手，以改良土壤、增产增效为突破口，全面开展果园套种蚕豆模式的示范试验和生产实践，取得了十分显著的经济效益、社会效益和生态效益。

2　果园套种蚕豆模式的实施情况

2.1　果园套种基本情况

椒江农场位于浙江台州东部沿海平原，为椒江重要的农产品生产基地之一，在实施农田标准化（土地整理）建设项目后，由于生产条件和基础设施的全面改善，十分适合农业种植结构的战略性调整，发展效益农业，开发种植柑橘等水果成为当时的热点。自 2003 年以来，该场先后发展"少核本地早"等水果 2 000 多亩，目前，均已进入投产结果期。但土地的平整和一些园地的挖土卖泥，耕作层破坏严重，土壤肥力条件良莠不一，对新发展水果正常的生长和早结丰产带来很大影响，再加上初结果树行间有较大的土地利用空间，如何探索改土与增效有机结合的技术措施成为当时的困境。通过开展套种蚕豆的示范试验，取得了十分理想的效果，先在柑橘园中进行，后逐步推广到梨、桃、葡萄等果园，目前，该场果园套种蚕豆的常年种植面积 1 500 ~ 2 000亩。实施果园套种蚕豆，既能完成改良土壤、有利果树早结丰产，又能充分利用土地资源，实现增产增收，同时还能解决果园前期投入资金的不足和困难，真是"一举两得"。

2.2　果园套种主要做法

果豆套种模式系实行立体种植，主要利用果园行间的土地种植大粒鲜食蚕豆，其次是种

---

　　* 李学斌（1966 ~ 　），男，浙江省台州市椒江区林业特产总站高级农艺师，椒江区首席农技专家，一直从事水果技术推广工作

植蚕豆利用根部的根瘤菌，固氮肥土，促进果树生长，再次是利用蚕豆秸秆中空、多汁，翻入土壤易腐解，作为优质绿肥，待蚕豆采摘后，将每亩还有 600 多千克的鲜豆秆，压青还园，提高土壤有机质含量，为生产优质无公害水果的土壤改良创造良好的条件，实现既肥田增产，又优质丰收，是一种新型的生态立体种植模式。

3 果园套种蚕豆的关键技术

根据台州椒江当地的气候条件和生产环境，经过多年来的生产实践和示范试验，已总结出一套果园套种蚕豆的技术，供各地参考。

3.1 蚕豆品种的选择

从目前台州椒江果园套种蚕豆栽培的品种和蚕豆市场销售情况来看，除了少数地方蚕豆品种外，主要是适应市场鲜销，应以选择大粒类蚕豆品种为主，如白花大粒、双绿 5 号、日本大白蚕、苏姬等。

3.2 播种期的确定

根据台州近几年来的气候条件，果园套种蚕豆，播种期以 10 月中下旬最为适宜，有利于早发根、早出苗和苗木的健壮生长，不宜过早，也不宜过迟，过早过迟都不利幼苗的抗寒越冬。早播易造成苗木冬前徒长而受冻害，迟播则会造成后期未老先衰，影响产量和粒重。当然各地也要根据气温条件而定，如气温较正常年份偏高则可适当迟播，气温较正常年份偏低则应适当早播，以避免气温偏高早播造成冬前徒长而受冻害。另外，白花大粒蚕豆因豆粒极大，胚芽较短，发芽率偏低，一般在 80% 左右，因此，要求在播种前，种子必须进行粒选，同时要精细整地，挖浅穴，播种后覆盖松土厚约 3 厘米，穴内不积水，力争多出苗，争全苗，每穴一般播种 1~2 粒，2 片真叶后开始间苗，每穴留 1 株壮苗。

3.3 种植密植和用种量

果园套种蚕豆以点穴播种为主，种植密植和用种量以橘园套种为例，每亩用种量约 4~5 千克，行株距 50 厘米 × 30 厘米左右，一般在橘园行间沟两侧各套种 2 行，具体种植行数和范围要视柑橘树大小和可套种空间而定。

3.4 田间的栽培管理

蚕豆播种前，为有利蚕豆的播后发根，播前定植穴要撒施过磷酸钙等磷肥，一般亩施磷肥 15~20 千克。播种出苗后至开花期间要及时做好防冻保暖和松土除草等，主要是蚕豆越冬前行间增施腐熟猪牛栏肥，既能改良土壤，又能起到防冻保暖和促根作用，当小苗长高至 15~20 厘米时，要及时摘心（打脑）促分枝，越冬后将无头枝剪去。在开花结荚期为提高结实率和补充营养，喷 0.2% 硼砂加 0.3%~0.5% 磷酸二氢钾溶液，每隔 5~7 天喷 1 次，连喷 2 次，同时谢花后地面要追施硫酸钾复合肥或磷钾肥 1~2 次，每亩用量为 10~12 千克，以提高蚕豆的后期产量和品质。当蚕豆开始由下至上结荚，根部毛荚数达到 2~3 个，荚长 3 厘米左右时，要及时将顶打掉，以促进豆荚的生长。在豆荚生长期，要及时疏通沟渠防积水，保持灌排畅通，做到旱能灌、涝能排。

3.5 病虫害的防治

为害蚕豆的病虫害有褐斑病、枯萎病、蚜虫、斑潜蝇、蚕豆蟓、绿盲蝽、蜗牛、蓟马等，其中，蚜虫和潜叶蝇主要在蚕豆盛花期和结荚始期发生为害，生产上主要防治对象是褐斑病和蚜虫。

3.5.1 褐斑病的发生与防治

褐斑病主要侵害叶、茎及荚。叶片染病初呈赤褐色小斑点，后扩大为圆形或椭圆形病斑，周缘赤褐色特明显，病斑中央褪成灰褐色，直径 3 ~ 8 毫米，其上密生黑色呈轮纹状排列的小点粒，病情严重时相互汇合成不规则大斑块，湿度大时，病部破裂穿孔或枯死，茎部染病，产生椭圆形较大斑块，直径 5 ~ 15 毫米，中央灰白色稍凹陷，周缘赤褐色，被害茎常枯死折断。荚染病，病斑暗褐色四周黑色凹陷，严重的荚枯萎，种子瘦小，不成熟，病菌可穿过荚皮侵害种子，致种子表面形成褐色或黑色污斑，茎荚病部也长黑色小粒点，即分生孢子器，褐斑病的发生为害，轻则影响苗势和越冬，重则影响产量和品质。

对褐斑病的防治，主要做好以下几点：一是做好种子消毒，播种前用 56℃温水浸种 5 分钟，进行种子消毒；二是适时播种，提倡高畦栽培，合理密植，增施钾肥，提高抗病力；三是发病初期用 0.5% 石灰倍量式波尔多液或 78% 科博可湿性粉剂 600 倍液或碱式硫酸铜、多菌灵、托布津等进行防治，每隔 7 ~ 10 天防 1 次，连防 1 ~ 2 次。

3.5.2 蚜虫的发生与防治

蚜虫是为害蚕豆的主要害虫，不仅直接吸食叶内液汁，影响蚕豆生长，更严重的是它传染病毒病，使叶片皱缩，褪色，植株变矮，影响蚕豆生长发育，产量下降，甚至植株死亡，颗粒无收。蚜虫主要在苗期、盛花期和结荚始期发生为害，可用 10% 吡虫啉可湿性粉剂 1 500 倍液或 3% 啶虫脒乳油 2 000 倍液进行防治。

3.6 适时分批采收

鲜食用蚕豆应实行分期分批采收，成熟一批，采摘一批。一般台州在 4 月底至 5 月中旬成熟，当蚕豆由下往上开始成熟，根部青荚头部下垂即可采摘，每 3 天左右采收 1 次，持续 15 天左右，亩可产青豆荚 400 ~ 500 千克。

4 果园套种蚕豆模式实施的成效

果园套种蚕豆，椒江示范推广 5 000 亩，其中，柑橘园套种蚕豆 2 000 亩，主要分布在椒江农场、三甲等地，平均亩产量 500 ~ 600 千克，平均亩产值达 900 元左右，亩纯利润 500 ~ 600 元。

4.1 经济效益

以椒江农场的示范方建设为例，橘园套种蚕豆，平均亩产值 1 000 元，最高亩产值达 1 600 元，亩净增收 600 元以上，全区果园推广套种 5 000 亩，新增经济效益 300 万元，为农业增效、农民增收发挥重要作用。

4.2 社会效益

推广果园套种蚕豆，大大提高耕地复种指数，减少耕地用量，为椒江区东部农业种植结构调整提供很好的借鉴。同时，果园套种蚕豆，成熟期比大田提早上市 7 ~ 10 天，既能卖好价，又能拉长我市鲜豆荚的供应期，推广前景十分广阔。

4.3 生态效益

果园套种蚕豆，采摘后枝秆叶深翻压绿，既可改善土壤条件，提高土壤有机质含量，增加土壤肥力，减少化肥用量，又可以减少橘园病、虫、草害的发生，降低农药用量，有利天敌的保护和生态环境的改善。

5 果园套种蚕豆存在问题

果园套种蚕豆，通过几年来的生产实践和示范推广，已取得很好的成效，但存在的问题也不少，主要有以下几个方面。

5.1 天气因素

果园套种蚕豆，易遭春季冰雹和降雪等灾害性天气的影响，会发生冻害或死株现象，造成严重减产。

生长结荚期易遭连阴雨天气的影响，因沟渠积水和褐斑病爆发而减收。

5.2 技术因素

果园套种蚕豆，实施连作对产量和品质影响明显。

为提高果园套种蚕豆的产量和品质，花后合理追施磷钾肥等技术都有待进一步的示范研究。

5.3 市场因素

鲜蚕豆市场受货源、天气等因素影响，价格波动大，不利丰产丰收。

5.4 产业化因素

目前，果园套种蚕豆产业规模化、产业化、商品化程度低，未能发挥规模效益和品牌效应，不利产业的可持续发展。

6 发展果园套种蚕豆模式的几点建议和思考

近年来，随着各地工业化、城市化的不断推进，果园被征占用不断增多，老果园面积的不断减少。随着种植空间的不断挤压，生产成本的逐年提高，以及一些危险性病害的侵袭，严重打击了广大果农的生产积极性，制约了水果业的可持续发展。针对水果业的这些制约因素和可利用空间，从水果技术推广角度来看，这就需要不断发掘各种资源要素，着力提高单位面积产量和效益，除了实施规模化经营，发挥规模效应外，很重要的一点就是要充分利用各种资源要素，改变传统的种植和管理模式。"果园套种蚕豆"模式的出现，迎合当今农业技术变革的需要，从而引发对农业种植方式的一些新的建议和思考。

6.1 改变单一种植模式，促进资源充分利用

为使有限的土地资源得到最大限度的利用，就需要通过种植模式的改变，促进作物种植结构的调整，如水果、蔬菜的有机组合，果豆的套种等，依靠现代的科学技术及理念，使果园种植资源得到最充分合理的利用，使土地附加值得到最充分的发挥。"果园套种蚕豆"是一种生态立体种植模式，时间短、见效快、效益显著。以后的工作中，要拓宽思路，结合本地实际，适应市场需求，开发更多生态效益和经济效益俱佳的种植模式，努力破解制约水果业乃至农业增产增效的关键技术项目。在生产实践中，可以探索选择一些跨行业、具有较高经济效益的种、养、加组合，实现生产季节合理，对土壤、作物和环境都具互补作用的高效生态种植模式。

6.2 创新生产种植模式，提高产业经济效益

近些年来，随着耕地租金和种苗、化肥、农药等生产成本的不断提高，而水果价格同比

增长缓慢，致使水果业增效不明显。通过种植模式的创新，减少化肥、农药等的用量，降低生产投入，提高水果的产量和品质，增加水果的生产效益。随着农村产业结构的不断调整，发展果业已成为广大农民增收的新亮点，为了提高果园效益，培育果园土壤，果园套种十分重要。在此，提醒广大果农，在果园套种中必须掌握"六要诀"。一是套种作物宜矮不宜高，以免套种作物与果树"争光"；二是套种作物宜短不宜长。不宜套种生育期长，特别是多年生作物，以免影响果树施肥及耕作；宜间作与果树共生期较短的作物；三是套种作物宜浅不宜深。不宜间作根系发达、扎根较深的作物，以减轻作物与果树争肥、争水的矛盾；宜间作根系浅、主根不发达的作物，如叶菜类、花生、西瓜等；四是套种作物宜异不宜同。宜选生长期、收获期与果树相异且无共同病虫害的作物间作，以免劳力紧张，病虫害相互传播；五是套种作物宜养不宜耗。对地力消耗大的作物不宜间作；宜套种生根瘤菌之类的养地作物和绿肥。新开果园最好是套种花生、大豆，这样大量的花生、大豆苗为果树提供了最好的有机肥，有利于在短时间内改善果园的土壤肥力；六是套种作物宜远不宜近，不宜将作物紧挨树干或树冠下种植，以免妨碍果树管理；套种作物应尽可能远离果树，距树冠垂直投影至少 0.5 米。总之，在果园中科学套种农作物不但能增收，还能为果园提供大量的绿肥，增强土壤肥力，是一举多得的好办法。

6.3　强化宣传实施典范，促进套种模式推广

再好的模式、再好的技术也离不开宣传，因此，在今后的水果技术推广工作中，要利用各种新闻媒体和多种宣传工具，采用多种方式加大宣传力度，及时传递高效生态立体种植方面的信息，以及有关的技术。坚持树立典型，以点带片，以片促面，不仅要向广大果农宣传，还要向各级领导汇报，以强化宣传推广力度。

6.4　建立专业合作组织、促进产业规模开发

除了加强技术推广、发展生产外，还要完善经营机制，既要实行规模经营、又要成立专业合作组织、实现产供销一体化服务，使农作制度的创新和技术的推广有完备的资源配置和组织保障，以及稳定的经费来源。如果没有相应的组织经营机构，标准化生产、规模化开发、产业化经营和品牌化包装等就难以实现。例如，果园套种蚕豆，果、豆均要有专业的生产人员和运销队伍保障，才能保证产销两旺，实现可持续发展，达到增加经济效益的目的。

参考文献

[1] 徐小菊，张启祥，金伟，等．大棚葡萄园间套种技术．柑橘与亚热带果树信息，2004，20 (7)：39～40
[2] 鲍红璐．白花大粒蚕豆．上海蔬菜，2003 (5)：16～17
[3] 陈素花．冬季鲜蚕豆高产栽培技术．福建农业，2011 (11)：9
[4] 陈建峰，曹保健，韩林，等．蚕豆不同品种间种栽培对产量的影响．现代园艺，2011 (9X)：7
[5] 柳碗学．隆德县阴湿山区蚕豆高产栽培技术．内蒙古农业科技，2011 (4)：106
[6] 李学斌，徐杏林．柑橘园套种蚕豆技术及发展思路．现代农业科技，2012 (2)：133，135
[7] 许晶明，黄梅卿．果园绿肥蚕豆的栽培与利用．福建果树，2001 (3)：66～67
[8] 孙永海，黄光和．蚕豆套种的栽培技术．云南农业科技，2010 (6)：27
[9] 周志雄．高山区地膜玉米套种蚕豆的栽培技术．农业科技与信息，2007 (12S)：19

椒江设施水果发展现状与对策

李学斌*

（浙江省台州市椒江区农业林业局，台州　318000）

设施水果是现代果业的主要标志，也是实现水果产业现代化的重要任务。近几年来，以发展大棚栽培、节水滴灌等为重点的设施水果，各级政府都十分重视，不断出台政策，强化投入，加快发展步伐，使设施水果的发展规模不断壮大，种植管理水平不断提高，成为调整水果种植结构，发展优质高效水果，促进农村经济发展，增加果农经济收入的主要门路。同时，加快发展设施水果，对促进水果产业的转型升级，实现果业增效和果农增收具有十分重要的意义。

1　椒江设施水果的发展现状

据统计，2012年椒江设施水果栽培面积为6 705亩，其中，智能大棚3亩、连栋大棚5 100亩、钢管大棚102亩；喷滴灌等节水灌溉1 500亩，冷藏保鲜设施30多套，冷库容积达3 000平方米；2010年建成柑橘无病毒苗繁育钢架防虫网室10亩，具备年产柑橘无病毒苗20万余株。其他设施如中耕、施肥、修剪、植保、轨道运输车等设施正在引进示范中。

椒江的设施水果主要分布在葡萄、柑橘、杨梅、蓝莓、枇杷、猕猴桃等产业，其中，葡萄4 800亩、柑橘1 200亩、杨梅100亩、蓝莓50亩、枇杷200亩、猕猴桃200亩，其他水果及果苗100亩。大棚设施主要应用于葡萄、柑橘、枇杷、杨梅等水果。节水灌溉设施主要应用于葡萄、柑橘、杨梅、枇杷、猕猴桃及果苗繁育等。椒江设施水果从20世纪90年代初开始试种葡萄避雨栽培，随后一直发展较慢，随着大棚葡萄双膜覆盖栽培技术的普及推广，椒江的设施水果得到了迅速的发展，应用领域在不断扩大，大棚设施在柑橘、枇杷、杨梅等产业得到广泛应用。节水灌溉方面，直到20世纪90年代末开始在大棚葡萄和山地橘园应用微滴喷技术，节水灌溉才有了发展，至2012年，已大面积应用于各种作物。椒江的大棚设施水果，大多以竹木结构为主，设施比较简单，高层次、高水准的钢架连栋大棚比例较少，主要用于反季节栽培，经济效益较为明显，如葡萄、蓝莓节水灌溉应用增产10%以上，柑橘节水灌溉应用增产10%～15%，设施栽培葡萄产值3万～5万元/亩，是传统种植的3～5倍。总体来说，椒江设施水果还处于起步发展阶段，主要是保护地栽培，尚缺乏高层次的工厂化栽培，设施装备、结构类型及生产管理方式等均有待提高。

2　发展设施水果的主要作用

2.1　促传统果业向现代高效果业转变

设施水果的发展，改变传统的水果生产方式和栽培方法，促进现代高效水果技术的示范

---

* 李学斌（1966～　），男，浙江省台州市椒江区林业特产总站高级农艺师，椒江区首席农技专家，一直从事水果技术推广工作

推广。水果设施栽培技术的应用，大大改善生产条件和生产环境，优化了种植结构，丰富了种植种类，提高了经济效益，有力地推动了传统果业向现代高效果业的转变，有利于水果生产向规模化、集约化、产业化、品牌化方向发展。

2.2 促果品市场的均衡供应

水果采用设施栽培后，人为改变局部环境，调整果实生长发育进度，可调节市场鲜果供应，如葡萄采用大棚栽培，既可提早成熟采收 30～50 天，又可实现延期采收 1～2 个月，可实施分期分批采摘上市，可避开同一品种上市高峰，延长鲜果供应期。

2.3 促果品质量的改善

如水果生产采用先进的设备，结合喷滴灌、温控等设施的应用，可有效改善种植环境，人为调控肥水，可使果实甜度增加，口感更好，不仅能提高产量，还能改善品质。如葡萄选用温室大棚或连栋大棚栽培后，不但果个匀称，果面光洁鲜亮，品质大大提高，收获期拉长，产量稳定。杨梅、蓝莓防虫网设施栽培，不仅能控制害虫发生，减少农药的使用，还能提高产量和品质。

2.4 提高土地资源利用率

设施水果可实行反季节栽培，实现多茬种植，同时，可充分利用资源，提高土地资源利用率。大棚栽培可采用多种套种模式，如大棚葡萄套种草莓、笋菜、蚕豆，大棚枇杷套种草莓等，经济效益十分明显。

2.5 有利抵御灾害性天气

设施水果主要是温湿度调控，调节大棚内小气候，创造有利于植物生长的温度和湿度条件，有效抵御低温阴雨、暴雨、台风、雾雪等灾害性天气，尤其在防御柑橘、枇杷等冷害和冻害方面发挥重要作用，有利降低遭遇台风暴雨等灾害的风险，增强抗灾防灾的能力。设施水果的发展，有效地解决了水果生产雨水分配不均导致的干旱缺水、积温不足及其自然灾害频繁发生等问题，使水果的整体抗旱防灾能力增强，水果效益成倍提高，为实现水果的旱涝保收和稳产高产创造条件。

2.6 加快水果科技的示范推广

设施水果对栽培品种的选择、管理技术的要求较为严格，农民在种植管理时要求学技术、用技术和聘专家指导的愿望十分迫切，不仅利用已有生产科研成果进行示范推广，还能根据生产实际把相关技术配套应用，不断提高生产和管理水平。同时，通过示范基地的建立和技术培训，强化对周边生产的示范辐射作用，对加快水果科技的普及推广、提升水果生产的科技水平发挥重要作用。

3 椒江设施水果存在的问题

3.1 种植分散，规模偏小

椒江设施水果，从分布总量上，种植面积也不少，也取得了较好的经济效益，但这些作物种植比较分散，形不成区域种植，发挥不了规模优势。从各地发展设施水果的情况看，大部分系农户自行分散种植，由于受土地等因素制约，集中连片开发较少，再加上设施水果发展规划滞后，已形成了小而全的生产格局。

3.2　土地租费波动大，流转难

在设施水果的发展过程中，土地是主要制约因素，土地流转成为发展规模水果的主要障碍，一是现行的土地承包到户政策，农民有 30 年甚至更长时间的承包经营权，农民可以自主决策，自主经营或对外出租，承包期可长可短，其他单位和个人不得强制干预，一些大的水果设施项目，往往因少部分农户不配合或土地不出租而无法实施；二是高额的土地租金，阻碍设施水果发展。设施水果相对来说，高投入，高回报，部分农户认为，发展设施水果有利可图，土地租金要连年不断上涨，甚至出现漫天要价现象，严重影响规模设施水果的发展；三是目前尚没有完备的土地流转政策来促进规模水果的发展。

3.3　设施水果投入大，资金匮乏

设施水果是一个高投入、高产出的水果种植新模式，要形成一定的规模，前期投入资金很大，特别是大棚设施栽培，简易的竹木架，亩投入在万元以上，钢架大棚亩投入在 3 万元以上，没有工商资本引进，一般的农户投资难以承受，往往因投入资金不足而影响设施水果的发展。

3.4　劳动力价高，短缺

椒江地处沿海经济发达地区，青壮年主要从事非农产业或外出经商做生意，水果产业务工主要依靠当地的老人、妇女或外来务工人员，造成当地劳动力非常短缺，远不能适应设施水果发展的需要。

3.5　灾害多，风险高

主要是灾害性天气和市场因素，尤其椒江地处沿海，遭遇强台风暴雨袭击，会给设施水果造成毁灭性打击。对设施水果来讲，投入大，回报高，风险也非常大。而椒江设施水果基本上是以户为单位分散经营。农户信息不灵，生产盲目性大，一旦市场销售不畅，经济损失很大。

4　对椒江设施水果发展的对策建议

设施水果是当前水果领域中最具发展潜力的朝阳产业。椒江人多地少，土地资源相对不足，发展设施水果是椒江现代水果发展的必然要求。椒江设施水果起步于 20 世纪 80 年代，近几年来发展步伐不断加快、档次也在不断提高，形成了一整套适合椒江的设施水果栽培技术和培育了一批熟练掌握设施水果的从业人员，再加上各级扶农惠农强农政策的不断出台，进一步激发了广大农户从事设施水果栽培的积极性和创造性，这为今后发展设施水果打下了良好的基础。为充分利用现有条件，切实把握发展机遇，扎实推进设施水果发展，现针对椒江设施水果产业现状和存在的问题，提出以下几点对策建议。

4.1　强化领导，协调服务，着力推进设施水果的发展

设施水果是一项新兴产业，各级政府和有关部门要高度重视，加强领导，强化服务，着力推进设施水果的有序健康发展，主要应做好以下工作：一是各级领导要高度重视，把设施水果发展作为椒江发展现代果业，实现果业可持续发展、统筹城乡发展、全面建设小康社会的重要战略举措来抓，把设施水果的发展纳入水果发展的总体规划，并制定切实可行的政策措施加以扶持，按科学发展观的要求，谋划设施水果，研究具体政策措施，规范实施，促进设施水果的发展；二是财政、农林、水产、水利、土地、科技、电力、金融等部门要密切配合，通力协作，做好各项服务。如设施水果的发展规划，基础设施用地、土地流转、水、电、路等配套设施建设，以及大棚设施建造、产品销售和生产技术指导等。各部门在建设用地、项目申报、信

贷资金支持等方面要制定相应的优惠政策，切实解决生产中存在的突出问题，为发展区域特色的现代设施水果创造条件；三是农技部门要加强技术培训，切实搞好技术指导，着力提高设施水果的种植管理水平，重点是做好基层农技人员、专业合作组织经营管理者和种植大户的实用新技术和经营管理知识的培训，使他们尽快掌握设施种植技术，成为设施水果的管理行家，示范引导和帮助广大农民大力发展设施水果。

4.2 明确目标，突出重点，着力发展规模设施水果

根据中央和省、市有关精神，结合椒江实际，发展设施水果，要以果业增效、果农增收、产业转型升级为目标，以示范园区和特色精品园建设为纽带，以主导产业和特色产业为重点，以创新技术，规模发展，提高档次为突破口，今后重点发展钢架大棚、滴微喷等灌溉设施，建成一批高档次、高质量、高效益具有区域特色的设施水果基地，使椒江设施水果上水平、创特色、增效益。一是在棚架类型上，葡萄等水果重点发展标准钢架大棚，尤其是钢架连栋大棚，并积极引导竹木大棚升级改造；二是在滴微喷灌溉设施上，山地、缓坡地和旱地水果重点发展节水型微滴喷设施；三是在农机装备设施上，柑橘、杨梅、枇杷等重点发展采后分级包装、贮藏保鲜设备，以及耕作、修剪、植保等机械；四是建立设施水果示范园区。按照国家扶持一点、地方补助一点、生产者承担一点的原则，集中财力，在全区范围内建立一批各具特色的设施水果示范园区和精品园。

4.3 强化研究，攻难克坚，着力突破设施水果技术瓶颈

为保障设施水果的发展，全面提供技术支撑，针对椒江设施水果目前的发展现状，还必须着重推进以下4个方面的研究：一是在设施钢架大棚建造技术上，要针对椒江的气候特点，研究抗风型大棚结构及相关建造技术；二是引进和筛选开发适合椒江气候特点的温室大棚栽培水果新品种及相关技术；三是针对不同水果品种，制定设施种植的标准技术规范；四是引进、试验、推广先进技术和设备。根据不同的水果品种、不同的耕作制度，因地制宜选用和推广相应的设备和技术。如水果重点推广钢架大棚，开展抗病新品种及无土栽培等先进技术的示范试验，以及采用土壤消毒、组培脱毒苗和异地育苗等技术措施，解决设施栽培连作带来的病虫害多发、重发问题。

4.4 强化投入，多渠道筹资，着力解决设施水果资金不足问题

设施水果具有很强的选择性，是一项高投入、高产出的产业，如果没有一定的资金投入，很难做大做强。对设施水果的发展，除政府出台相关扶持政策，增加农机补贴种类和提高补助标准外，要通过政策引导和财政支持，吸引更多的工商资本投资设施水果，把争取国家支持、农民投资、社会集资和企业出资有机地结合起来，探索设施水果多元化投资模式，完善多元化投资机制。另外招商引资也是解决设施水果资金不足的一个好办法，各级政府和有关部门要创造条件，出台优惠政策，让外地企业或客商来建基地、办工厂、搞服务，发展设施水果。

4.5 强化创新，提升技术，着力提高设施水果的生产水平

随着设施水果的不断发展，产品市场竞争的不断加剧，创新成为提升竞争力的重要手段和决定因素，必须高度重视和切实抓好，主要有：一是品种创新，不断引进和开发新品种；二是技术和模式创新，要积极探索与设施水果相匹配的生产技术与模式，克服和解决设施水果中出现病害多发、机械不配套和间作套种等问题；三是管理要创新，要运用工业生产的理念，采用新型集约化的生产管理模式，提高设施水果的生产水平和经济效益。

对椒江柑橘"滞销"引发的几点思考

李学斌[*]

（浙江省台州市椒江区农业林业局，台州　318000）

柑橘为椒江重要的经济作物，也是农业主导优势产业之一，历经几十年来生产栽培与市场实践，柑橘鲜果产品不仅销往国内各大中城市，还远销俄罗斯、加拿大、新加坡等国外市场。加工成橘子罐头产品，远销欧美及日本市场，很受欢迎。但面对当前严峻的柑橘销售形势，市、区领导十分重视，农业部门及时组织精干力量奔赴各地开展调查研究，与广大柑橘种植大户、柑橘贩销大户、柑橘专业合作组织和柑橘进出口企业代表进行广泛交流和座谈讨论，对椒江柑橘产业存在的因结构性等问题而出现的季节性过剩和"卖难"问题，提出以下对策和建议。

1　椒江柑橘历年"滞销"情况

自 1984 年国家取消柑橘统购统销政策，实行议购议销，椒江柑橘产业发展十分迅猛，种植面积由最初的 2 万多亩迅速扩大到 4 万多亩，产量由 2.3 万吨增到 5 万余吨，为椒江农村经济的发展和山区农民的脱贫致富发挥重要作用。但从 1997 年开始，椒江柑橘经历 3 次"滞销"事件，给当地柑橘业造成严重损失。第一次是 1997 年逢全国柑橘大丰收，椒江柑橘出现严重滞销，尤其温州蜜柑大量积压，一些地方甚至出现果挂树上无人采摘，任其自然腐烂脱落，造成次年果园严重失管，加剧柑橘黄龙病等危险性病害的发生和蔓延传播，有的甚至出现改种其他水果；第二次是 2008 年受"橘蛆"事件和金融风暴的双重影响，椒江中晚熟温州蜜柑出现严重滞销，收购价格由前期的 0.90 元/千克降至春节后的 0.20～0.30 元/千克，贮藏柑橘春节后腐烂损失十分严重，严重挫伤广大橘农的生产积极性。但为柑橘品种结构的调整带来新的契机，好多农户通过高接换种等措施，压缩中晚熟温州蜜柑和椪橘，发展特早熟、早熟等名优柑橘品种；第三次是当前不在预料之中的中晚熟温州蜜柑销售难的问题，柑橘收购价从春节前的每千克 1.8 元降至目前的 0.90 元，许多橘农叫苦连天，还舍不得卖，又一次给我们继续调整柑橘品种结构敲响了警钟。

2　柑橘"滞销"发生的原因分析

综观历次出现的柑橘"滞销"现象，通过实地调查和组织各方座谈讨论认为，引发柑橘"滞销"主要原因有以下几个方面。

2.1　品种结构

这是一个根本性问题。此次出现的柑橘滞销，主要是中、晚熟温州蜜柑和椪橘，尤其是

＊ 李学斌（1966～　），男，浙江省台州市椒江区林业特产总站高级农艺师，椒江区首席农技专家，一直从事水果技术推广工作

中、晚熟温州蜜柑，种植面积大，占柑橘总面积的 2/3，上市集中，贮运压力大，对外贸出口和罐头加工的依赖度高。受欧债危机和边贸交易市场规范等因素的影响，造成国内加工和外销企业收购量压缩，导致中、晚熟温州蜜柑严重滞销和收购价狂跌，丰产不丰收，广大果农叫苦连天，这也是柑橘品种结构不合理现象的集中凸显。

2.2　天气因素

主要概括为两个方面：即柑橘成熟期的多雨水和春节前后持续的低温多阴雨天气。柑橘果实成熟期的多雨水，主要影响柑橘果实品质和降低柑橘果实的贮运性，不利消费量的增加和扩大市场销售。同时，春节前后是柑橘销售的主要高峰，持续的低温多阴雨天气，不仅柑橘销售市场萎缩和消费量大减，贩销户也因果实不耐贮运和腐烂损失严重、风险高不愿运销。按惯例，中、晚熟温州蜜柑在春节后一般不再运销外地，主要是满足当地罐头加工企业的需求。

2.3　价格因素

遭遇柑橘"滞销"的年份，往往销售价格是先高后低，前期或中期销售尚可，中后期销售受阻，价格越低越难卖，橘价越跌橘农越不愿意卖，贩销户也如此，橘价越跌越不愿意贩销，而加工企业一时也扩大不了生产能力，尤其罐头加工系劳动密集型产业，工难招，量难上，严重制抑中、晚熟温州蜜柑收购，况且价格越低，消费者越不愿意吃，价格越低，消费者的购买力和馈赠亲朋好友的量也越来越少，严重影响柑橘销价和销量的提升。

2.4　销售渠道

椒江柑橘的"滞销"，主要发生在中、晚熟温州蜜柑，上市销售期非常集中，当地又没有加工企业，多以鲜果销售为主，销售渠道单一，再加上节后外贸或边贸市场停止交易，中、晚熟温州蜜柑的销售就更显困难，尤其在丰收年问题较为突出。

2.5　人为因素

主要是信息不畅和橘农惜售心理影响，往往受前些年柑橘销售普遍看好的影响和其他农产品价格的大幅上涨，再加上农药、化肥、人工等生产成本的增加，柑橘生产利润不断压缩，大部分橘农怀着侥幸心理期盼柑橘价格回升，以获得更多的利润。同时部分果农存在抬价、压货心态，错失销售良机。如椒江章安东埭、柏加徐、柏加王、塘里等地的橘农对中、晚熟温州蜜柑历年都有放到春节后销售的习惯，希望能卖个好价，尤其受上年春节后热销，销售价格不断上扬的影响，收购价由春节前的 1.80 元/千克升至春节后的 3.00 元/千克，往往信息不畅或惜售心理给当前柑橘销售造成很大的困难。

3　对策和建议

3.1　加强领导，着力推进柑橘销售工作

面对严峻的柑橘销售形势，各级政府和有关部门要高度重视柑橘销售工作，深入基层，调查研究，摸清底细，对症下药，及时制定柑橘销售的应对措施和应急预案或成立柑橘促销协调小组，健全工作机制，明确具体措施，坚决落到实处，切实推进柑橘销售工作。

3.2　加强宣传，着力做好柑橘推介工作

充分利用电视台、报刊、农民信箱等宣传媒体，开展柑橘宣传推介活动，发布柑橘供求信息，积极做好柑橘促销宣传工作，筹建柑橘产销信息库，及时搜集有关柑橘销售市场的价

格信息，筛选整理后及时反馈给流通和涉农部门，引导农民主动出击找市场，克服"等客上市"的被动思想，有关部门随时掌握和上报柑橘销售情况及问题。

3.3 加强引导，着力调整柑橘品种结构

根据历次来柑橘发生的滞销现象，中、晚熟温州蜜柑和椪橘首当其冲，尤其中、晚熟温州蜜柑，往往因其成熟上市季节集中，运销压力大，春节前有外贸出口收购或边贸市场交易，春节后销售主要依靠罐头加工企业收购，销售形势和价格具有很大的不确定性。因此必须引导广大橘农通过高接换种等措施，着力调减中、晚熟温州蜜柑的种植比例，由原有占柑橘总面积的70%降至50%以下，发展特早熟、早熟的大分、上野、宫川、兴津、龟井等柑橘品种，以适应市场需求，减轻运销压力，促进柑橘业健康发展。

3.4 加强扶持，着力壮大柑橘运销队伍

制定相关政策和措施，扶持柑橘出口和深加工企业，培育当地规模化柑橘运销组织和贩销大户，在政策上给予一定的倾斜，如对柑橘运销所需资金在信贷上给予一定的优惠利率或贴息贷款，开展先进运销加工企业或贩销大户评选，尤其对当地柑橘运销有突出贡献的企业或个人给予一定的奖励。同时，在项目申报和立项上给予优先，以促进当地柑橘的销售，推动当地柑橘产业的发展。

3.5 加强市场建设，着力促进当地柑橘的销售

为促进当地柑橘的销售，带动当地柑橘产业的发展，椒江江北及周边有10多万亩的柑橘基地，尚没有一家配套的柑橘交易市场，这与柑橘产业的发展很不相协调，建议利用椒江大桥便利的交通条件，在椒北的椒江大桥附近建设柑橘等水果交易市场，既能满足江北各地水果交易的需要，又能带来以下几方面的好处：一是解决椒北水果马桥市场交易的不安全性和水果销售旺季常带来的交通阻塞；二是解决广大橘农的水果交易无固定场地的困扰；三是可增加当地农民经济收入，促进大桥周边村庄经济的发展。

3.6 加强品牌建设，着力推进柑橘产业转型升级

充分利用椒江柑橘栽培的地理优势和品种优势，多出精品和名品柑橘。利用已有一些柑橘品牌，增品质、换包装、提形象、强宣传、拓市场、增效益，积极参加各级组织的农博会、森博会和各地的展销会，深入各地市场，扩大精品柑橘宣传，实施优质优价，不断增强市场竞争力，做精品，创品牌，着力推进椒江柑橘产业的转型升级，实现柑橘产业的可持续发展。

椒江杨梅产业发展现状及对策探讨

李学斌[*]

（浙江省台州市椒江区农业林业局，台州　318000）

杨梅为椒江区第二大水果，栽培面积和产量仅次于柑橘。种植杨梅，既能绿化美化环境，又能获取较好的经济效益和生态效益，在农业产业结构的战略性调整和大力发展效益水果的影响下，以及阔叶林改造步伐的不断加快，杨梅产业的发展，欣欣向荣。种植杨梅已成为山区农民增加经济收入的一个主要门路，杨梅产业的崛起，对加快新农村建设，促进山区农民致富奔小康，具有十分重要的意义。

1　椒江区杨梅产业发展现状

2005 年全区杨梅种植面积发展到 8 500 亩，总产量为 3 500 吨，创产值约 6 370 万元，占全区农业产值的 17.9%，成为椒江区农业的主导优势产业之一。椒江杨梅以山地栽培为主，主要分布在椒江西部、北部低丘地带。20 世纪 70 年代杨梅以山地零星种植为主，主栽品种为当地的水梅，全区总面积 1 000 亩左右。进入 20 世纪 90 年代，由于农业产业结构的调整和杨梅种植效益的日益凸显，发展十分迅速，种植面积迅速扩大到 6 000 亩，新发展品种，以东魁杨梅为主导，同时，还引入晚稻杨梅、荸荠种、大炭梅等良种。近几年来，通过推广喷施多效唑，实施人工授粉等措施，较好地解决杨梅坐果不稳等难题，以及东魁杨梅优质高效生产示范基地建设，杨梅标准化生产技术的推广和杨梅生产效益的不断提高，杨梅发展势头十分强劲，成为新一轮调整发展效益农业的主导水果品种。

随着杨梅生产的不断发展，杨梅产业的不断壮大，杨梅产业化进程也在不断推进，目前，椒江区已成立杨梅专业合作组织 2 家，注册商标 2 个。台州市椒江鹰泉杨梅专业合作社的"鹰泉牌"杨梅和椒江西山水果专业合作社的"鼎峰牌"杨梅分别通过国家绿色食品认证。目前专业从事杨梅生产的种植户有 1 000 多个，其中，50 亩以上的承包大户有 20 多个，赴三门、象山、临海等地承包种植杨梅的大户有 10 多个，承包经营面积达 1 000 多亩。从事杨梅加工、运销的大户有 20 多个，年创产值 1 000 多万元，杨梅的产业化经营水平也有很大的提高。

2　存在问题

2.1　品种结构不够合理

杨梅生产由于受效益的驱动，果大质优的东魁杨梅，市场售价高、收益好，发展十分迅猛，目前，种植面积达 5 800 亩，占杨梅种植总面积的 68.2%，东魁杨梅的产量也占总产的

---

　*　李学斌（1966~　），男，浙江省台州市椒江区林业特产总站高级农艺师，椒江区首席农技专家，一直从事水果技术推广工作

62.0%。但随着新发展东魁杨梅的大面积投产，产量的大幅增长，东魁杨梅的销售压力会不断加大。因杨梅品种单一、结构不合理现象，以及上市季节集中、不耐贮运和深加工技术滞后等因素的影响，今后杨梅"卖难"的问题会逐步凸显。

2.2 标准化生产水平不高

杨梅生产由于零星种植较多，集中连片种植较少，缺乏统一规划，水、电、路等基础设施不够完善，管理水平参差不一，果农对标准化管理技术接受程度不一，不少杨梅管理粗放，造成果实的品质良莠不一，差异很大。同时，滥用、乱用农药和激素现象在一些地方依然存在，严重影响杨梅的食用安全。

2.3 贮藏加工技术薄弱

杨梅为鲜食水果，不耐贮运，是制抑杨梅产业发展的主要因素。为解决杨梅生产的一些薄弱环节，各地不断开展杨梅贮藏和加工等方面技术的研究，除杨梅汁、杨梅干红等产品开发取得一定的进展外，杨梅的贮藏保鲜和深加工技术，目前，尚未取得很大突破。

2.4 产业化程度不高

椒江区虽相继成立了多家杨梅专业合作组织，对杨梅生产的发展和先进适用技术的推广起到一定的作用，但在产前、产后服务等方面还存在一定差距，跟不上杨梅产业发展的需要。目前，椒江区杨梅销售，主要依靠营销大户单枪匹马闯市场，没有固定的产品批发交易市场和一大批专业运销大户。

2.5 品牌效应较弱

椒江区杨梅生产发展较快，但基地建设标准不高，种植分散，规模化经营大户不多，品牌建设，尚未引起高度重视。各地宣传力度不够，椒江杨梅的知名度也不高，会影响今后杨梅产业的开发。

3 促进杨梅产业发展的对策

3.1 加强政府宏观调控和支持力度

杨梅为椒江区农业的一项主导优势产业，对农业的增效和农民的增收有重要促进作用，各级政府要高度重视杨梅产业的发展，面对杨梅产业存在的问题，制定相关的优惠和奖励政策，促进杨梅产业向基地化、良种化、规模化、产业化和品牌化方向发展，进一步提升杨梅产业层次，确保杨梅的优质丰产丰收。

3.2 调整品种结构，发展早中熟杨梅品种

目前，杨梅栽培品种比较单一，以东魁杨梅为主导，成熟上市季节集中，销售压力大，不利杨梅产业的健康发展。今后要发展早、中熟杨梅良种，如早大梅、荸荠种等，使东魁杨梅等晚熟品种面积降到50%以下，以减轻运销压力，避免造成腐烂损失和价格暴跌。

3.3 改进生产方式，促进规模经营

在充分尊重农民生产经营自主的基础上，建立土地经营权的有偿流转激励机制，鼓励大户承包，促进部分农民以从事杨梅为主，实施规模经营，以规模促效益，向规模求效益。

3.4 加大科技投入，实施杨梅标准化生产

开展杨梅优质高效生产技术的示范研究，重点引进消化吸收国内外的先进适用技术，如高接换种，保花保果、疏果，无公害生产技术，贮藏保鲜和深加工等技术，建立示范基地，

实施标准化生产，同时要做好标准化生产技术培训，使各个生产环节符合绿色无公害果品生产要求，全面提高果品质量，确保果品的食用安全。

3.5 培育产业合作组织，提升产业水平

目前，椒江区章安、加止等地已相继建立了杨梅专业合作组织，但规模不大，重产轻销，产业化程度不高，与椒江区杨梅产业发展需要不相适应。应当采取有力措施，促进杨梅贮藏和加工业发展，大力培育产、加、销一体化的龙头企业和专业合作组织，从而实现千家万户生产与千变万化大市场的对接，增强市场竞争力，全面提升椒江区杨梅的产业化水平。

3.6 抓品牌建设，促名牌战略实施

要加大对杨梅生产的扶持力度，积极实施名牌战略，制定名牌产品培育发展计划，引导果农树立质量和品牌意识，强化杨梅采后的商品化处理，全力打造椒江绿色无公害杨梅品牌，同时，加大品牌宣传力度，努力提高椒江杨梅的市场占有率和知名度，并以此带动相关产业发展。

临海杨梅产业发展优势、问题及对策

颜丽菊*

（浙江省临海市特产技术推广总站，临海 317000）

临海地处我国东部沿海，属亚热带季风气候区，热量充足，雨热同步和光温互补的气候特征，十分有利于杨梅的生长，是我国杨梅生产最适宜区。杨梅是临海的传统特色水果，早在三国时期，沈莹所著的《临海水土异志》记述临海杨梅"子为弹丸，赤色，五月成熟"，足见临海杨梅栽培历史的悠久。早在 1985 年富有远见的临海上游村人，敏锐地捕捉到了杨梅的市场商机，在林特等部门的支持帮助下，在低山缓坡种下 1 000 余亩东魁杨梅，在全市率先走上了一条杨梅产业化之路，20 世纪 90 年代初经济效益显现，强烈的示范效应，使临海杨梅产业步入快速发展阶段。目前，全市杨梅种植规模已超过 13 万亩，2012 年产量 5.9 万吨，产值 4.6 亿多元，临海杨梅以质优价高，畅销上海等大中城市，并远销西班牙、中国台湾等地，成为临海农业的四大主导产业之一，在农民增收和新农村建设中发挥越来越重要的作用。

1 产业发展优势

1.1 自然资源优势

气候适宜。临海地处东部沿海，属亚热带季风气候区，年平均气温 17.1℃，极端最低温度 -6.9℃，极端最高温度 40.2℃，≥10℃活动积温 5 250 ~ 5 420℃，年平均日照时数 1 936 小时，年均降雨量 1 710.4 毫米，年相对湿度 80%，尤其是雨热同步和光温互补的气候现象，十分有利于杨梅的生长，是我国杨梅生产最适宜区，已被列为浙江省杨梅优势产业带和浙江省特色优势农产品基地。

山地资源丰富。临海有"七山一水二分田"之称，现有可供杨梅开发种植的，海拔 500 米以下的低山缓坡面积达 13 万多亩，海拔 500 ~ 700 米的山地 7 万多亩，为杨梅梯度开发提供了丰富的土地资源。

1.2 区位优势

临海交通发达，甬台温铁路纵贯全境，甬台温、台金高速公路、104 国道、34、35、75、83 省道穿越全境，距路桥、温州、宁波机场只需 1 ~ 1.5 小时的车程，日益便捷的交通网络，为临海杨梅的快速外运提供保障，也为临海杨梅的发展带来了新的机遇。同时，临海又处在长三角经济圈，长三角地区经济发达，居民消费水平较高，杨梅消费市场较大，十分有利于发展杨梅休闲观光游。

---

* 颜丽菊（1964~ ），浙江省临海市特产技术推广总站高级农艺师，临海市水果首席农技专家，一直从事水果技术推广工作

1.3 品种优势

东魁杨梅是临海杨梅的当家品种，面积达 10.6 万亩，占全市杨梅总面积的 81.5%，位居全省乃至全国东魁杨梅首位，该品种具有果形特大、效益高，是作为礼品进入高端消费的首选品种，临海东魁杨梅经农业部果品检测中心评定为：果形端正、色泽艳丽、果肉细嫩、果汁丰富、酸甜可口、风味浓郁、品质极优，2012 年荣获全国十大精品杨梅；2004 年、2007 年连续两届荣获浙江省十大精品杨梅；当地选育的临海早大梅，因果大、早熟、外观美、耐贮运而被列入浙江省推广的杨梅良种，2007 年获浙江省十大精品杨梅称号；洋平梅因耐贮性极佳作为优秀种质资源入选教科书；还有临海早野等 10 多个具有地方特色的传统品种。已建成了国家级杨梅良种繁育基地和浙江省杨梅种质资源圃，引进了省内外优良品种 100 多个，为杨梅的可持续发展提供了种质保障。

1.4 规模优势

全市杨梅种植面积 13 万多亩，建立了临海市东、西部两个省级现代农业综合园区，其中杨梅面积 26 200 亩。拥有千亩以上的专业村 20 多个，形成了以白水洋镇为中心的西北部 6 万亩杨梅优势产业圈，和以涌泉、杜桥镇为中心的中东部 4 万余亩杨梅优势产业圈，在白水洋杨梅重镇建立了省级万亩杨梅科技示范园区，其中，核心区上游村杨梅栽培面积达 2 500 亩，2012 年产值 2 000 万元，投产园平均亩产值上万元，最高株产值 8 000 元，规模效益和示范效应十分显著。

1.5 管理技术优势

技术推广部门经过 20 多年不懈的努力，特别是近几年实施的农民素质培训，在全市实施《临海杨梅》地方标准，大大提高了梅农的管理水平，建立台州市首个国家级杨梅标准化示范区和浙江省首个杨梅统防统治示范区。造就了一批懂操作会管理的技术队伍，近年来，每年有上千名土专家受邀外出帮助省内外求助者，提供修剪、嫁接等栽培管理技术，也有不少土专家赴江西、福建、湖南等地承包大片杨梅基地或荒山种植杨梅，带动欠发达地区农民致富。

1.6 品牌优势

全市已注册可用于杨梅的 31 类商标多达 160 多件，目前，在杨梅上使用的有 70 多个，已创立了如上游、清峰、枝昌、正凤、忘不了、童燎等一批有较高知名度的杨梅品牌，注册了临海杨梅证明商标和地理标志产品，加强品牌的整合。临海杨梅先后获全国十大精品杨梅、浙江省农博会金奖、浙江省名牌产品、浙江省著名商标、浙江省十大精品杨梅等称号，已通过有机产品认证 1 个、中国绿色食品认证 11 个、国家无公害产品认证 2 个、森林食品基地认证 11 个、省级无公害农产品基地认证 5 个，认证面积 23 600 亩。产品远销北京、江苏、上海、广东等国内外各大中城市，并远销西班牙等国家，深受消费者欢迎。

1.7 产业组织优势

成立了临海市杨梅产业协会和白水洋杨梅产业协会，加强了行业自律与管理；杨梅主产区成立了经营杨梅为主的专业合作社 70 家，公司 3 家，入社梅农 7 500 多户，联结杨梅基地 50 000 亩，其中，省级示范合作社 7 家，实行统一标准、统一品牌、统一营销。杨梅贩销队伍有 1 000 多人。

2 产业发展制约因素

2.1 成熟采收期过于集中

现有杨梅品种中，晚熟东魁比重占81.5%，临海早大梅、荸荠种等早、中熟良种杨梅比重过低，仅占4.4%；经济性状较差的本地水梅等占14.1%。95%以上杨梅成熟采摘期集中在6月中下旬，上市期过于集中，加之临海杨梅以鲜销为主，市场压力较大，易造成季节性过剩引发积压烂市，果贱伤农。

2.2 产业开发深度不足

一是加工业滞后，全市5家小型杨梅加工企业，年加工量不到鲜果总量的8%，而且是以杨梅蜜饯、杨梅干等粗加工为主，精深加工处于空白，缺乏市场竞争力；二是杨梅采摘游等观光果业发展迟缓，产业链短，附加值低。

2.3 技术水平不平衡

近年来，临海杨梅整体种植水平有了很大提高，但杨梅生产以家庭分散经营为主，梅农文化水平相对较低，制约杨梅安全优质标准化生产技术的全面实施，管理技术相差悬殊。管理得好，5年开始投产，盛产期平均亩产值超万元，最高株产值达8000元，而管理不当，七八年甚至十多年不结果，有些即使结果，也产量低，品质差，不能发挥应有的经济效益。

2.4 品牌效应不强

临海市杨梅在历史上有些名气，创牌时间也比较早，但近年来，在临海杨梅品牌宣传、产品推介上，投入不足，力度不大，品牌的知名度和竞争力有所弱化。

2.5 流通渠道不畅

一是缺乏功能齐全的杨梅交易市场。临海杨梅多在产地路边集散交易，人车混杂，管理难度大；二是缺乏相应的贮运设施。杨梅保鲜期短，常温下货架期不到1天，保鲜技术单一、产地冷库规模少，保鲜包装设备配备不足，至今尚无一辆杨梅运输冷藏车，冷链贮运设施落后，使得杨梅销售半径短，难以大规模开拓国内外各大市场；三是缺少一批战斗力强、信息灵的专业购销队伍。大量的中低档杨梅靠分散的贩销户和外地客商上门收购为主，并且各自为政，一旦丰收年份，很有可能出现杨梅销不出去。

3 产业发展对策

3.1 调优品种结构，拉长杨梅供应期

一是重视发展荸荠种、早大梅等早熟杨梅良种，通过高接换种，压缩本地水梅比重，东魁杨梅比重稳定在75%，早大梅、荸荠种等早熟杨梅比重提高到15%，本地水梅比重降至10%；二是加强特早、特晚熟杨梅良种的引进与推广，同时，利用不同海拔高度实施梯度栽培，利用大棚、防虫网等设施栽培，使早熟品种成熟期更早、晚熟品种成熟期更迟，延长供应期；三是加强省级杨梅种质资源库与良种繁育基地建设，为优化结构提供种质资源。

3.2 加强基地改造步伐，推行优质精品生产

以万亩杨梅示范园区建设为抓手，加强优质精品基地建设，加大基地的蓄水池与引水管道等水利设施，果园操作道等基础设施，防虫网、杀虫灯等植保设施的建设，全面改善基地的生产设施条件。按照《临海杨梅地方标准》，强化矮化栽培、疏花疏果、质量安全、商品

化处理等标准化技术推广，全面提升精品杨梅生产能力。

3.3 重视果品安全生产，提升质量安全水平

果品安全越来越受到人们的关注，杨梅属于裸果，其安全性更受关注，杨梅果品的安全生产，是确保杨梅产业可持续发展的重要环节。一是加强《农产品质量安全法》宣传，提高广大梅农的质量安全意识和法制意识；二是要加大执法力度，强化禁用农药和激素类投入品的管理，建立违禁药物举报制度，严格源头控制；三是积极探索杨梅统防统治新机制，建立由"产业协会＋合作社（行政村）＋专业植保队（农户）"组成的三级联动的新型植保体系，建立田间管理档案与产品可追溯制度，以及田间督查指导制度；四是加强质量安全技术培训，全面提高果农安全生产水平；五是有关执法部门加强对杨梅质量安全监管。

3.4 加强产销对接，增强产业开拓能力

一是杨梅主产区应建立产地市场，进一步完善核心区上游村产地市场，配置必要的冷库、低温包装间及冷藏车，提升市场服务功能。建立白水洋、涌泉、杜桥等重点产区的产地市场；二是要加强贩销队伍建设，鼓励合作社、营销大户或企业参与冷链贮运业，建立直销窗口，扩大销售半径，拓展销售市场；三是加大招商引资力度，积极发展杨梅精深加工业，化解市场压力，提高中低档杨梅产品的附加值；四是加强产业合作组织建设，推进合作社规范化管理和标准化生产，增强产业开拓能力。

3.5 实施品牌战略，切实增强品牌效应

一是加强品牌整合。要按照"一个产业，一个品牌，一套标准"的思路，充分利用"临海杨梅"证明商标，把现有的杨梅品牌实行"双商标制"许可使用制度，围绕"临海杨梅"中心品牌，培育一批颇具地域特色和龙头带动作用的"临海杨梅"子品牌，形成合力，做大品牌；二是加大宣传力度。在继续参加各类博览会展评的同时，以杨梅为媒，举办杨梅节、杨梅推介会，发展杨梅采摘游和休闲观光等活动，加大媒体宣传力度，提高临海杨梅的知名度，打响临海杨梅品牌。

椒江区水果专业合作组织发展现状及对策

李学斌[*]

（浙江省台州市椒江区农业林业局，台州　318000）

发展水果专业合作组织是椒江水果生产实施规模化种植、产业化开发和品牌化经营的一项重要举措，对促进椒江水果产业的转型升级、加快水果品种结构调整、发展效益水果、增强水果市场竞争力具有重要作用。据 2009 年底调查统计，经工商注册登记的水果专业合作社有 47 家，其中，规模较大的有 23 家，拥有社员 1 064 户，带动农户 2 763 多户，总股本金为 57.08 万元，柑橘、杨梅、葡萄、枇杷等水果年销售额达 1.2 亿元，成为椒江水果业稳定健康发展的重要力量。

1　椒江区水果专业合作组织发展的主要特点

1.1　分布面广

椒江现有的 47 家水果专业合作社，遍布全区八个街道一镇一场，其中，章安 13 家，三甲 11 家，洪家 7 家，下陈 6 家，加止 3 家，前所和农场各 2 家，白办、海办和大陈各 1 家。

1.2　生产经营水果品种较多

除生产柑橘、杨梅、葡萄、枇杷等传统水果外，还种植草莓、油桃、梨、李、杏、枣等水果；除经销柑橘、枇杷、杨梅、葡萄等主栽水果外，还从事苹果、梨、草莓、荔枝等水果的贩销；除运销本地水果外，还从外地收购柑橘、葡萄、杨梅等大众水果，为延长当地的鲜果供应和罐头加工业服务；除从事鲜果销售外，还组织盐制杨梅干等深加工原料，销往广东等地。

1.3　整体规模较小

据调查统计，全区注册资金 100 万元以上的只有 6 家，占总数 12.8%；注册资金 20 万以上的 7 家，占总数的 14.9%；注册资金 10 万元以上的 11 家，占 23.4%；注册资金 5 万以上的 23 家，占 48.9%。

1.4　区域特色水果明显

各地因地制宜，积极依托当地主导产业组建水果专业合作社，涌现了许多特色鲜明、专业化程度较高的水果生产基地，如洪家、下陈和三甲的设施葡萄生产基地，章安的东魁杨梅和宫川蜜橘生产基地，前所的杂柑和葡萄生产基地，加止的枇杷和杨梅生产基地，农场的少核本地早、满头红和水蜜桃生产基地，水果场的宫川蜜橘和椪柑生产基地等。已涌现出"台洲湾"牌宫川蜜橘和满头红、"新佳"牌少核本地早、"蟹壳岩"牌宫川蜜橘、"鹰泉"牌和"鼎峰"峰东魁杨梅、"鸿洲"牌和"翼珠"牌葡萄、"西魁"牌枇杷等品牌和特色水

---

　*　李学斌（1966~　），男，浙江省台州市椒江区林业特产总站高级农艺师，椒江区首席农技专家，一直从事水果技术推广工作

果产业区。

2 椒江水果专业合作组织发展中存在的问题

2.1 经营管理不够规范

一是民主管理意识比较淡薄。许多水果专业合作社组织机构不健全,内部管理比较松散,没有完全按章程执行,保护社员利益;二是内部管理不规范,利益联系不紧密。社员入退社制度、议事制度、产品投售交易和生产管理档案记录及产品质量安全责任追溯制度、财务管理开支审批等内部管理规章制度还不够规范和健全。

2.2 资金和管理技术人员缺乏

一是由于水果专业合作社资金实力普遍偏弱,受银行信贷程序和授信额度的限制,大多数合作社很难得到银行的资金支持;二是农民专业合作社成员多为农民,文化水平、管理能力、技术力量等方面的素质较低,难以适应规范化经营,而凭合作社目前的条件又很难吸引高素质人才。面对激烈的市场竞争和高标准的水果产业化建设要求,水果专业合作社迫切需要技术信息、市场营销、财务核算、咨询服务等方面的培训和专业人才。

2.3 配套设施建设滞后

由于农业基础设施建设用地指标申请难、落实难,水果专业合作社建设必需的配套设施和规范化生产建设用地,常因用地指标等因素的限制,诸如生产管理房、贮藏保鲜库和道路等配套设施无法及时建成,严重影响合作社的发展和抗灾害风险能力的提高。

2.4 品牌意识不强

目前,各地建立的水果专业合作社,大多经济概念强于品牌意识,特别是注册商标使用方面,各合作社虽然都拥有自己的注册商标,但商标的管理和使用十分混乱,且有些商标一直处于闲置状态,未发挥应有的品牌作用。

2.5 组织管理体制不够顺畅

椒江水果专业合作社尚未形成统一协调指导、管理体制。各系统部门都从各自的角度对专业合作社进行指导,形成多头管理的状况。由于职责不清,管理体系不顺,多个部门既管又不管,资源使用不合理,难以形成合力。

3 促进椒江水果专业合作社发展的对策建议

3.1 加强宣传,提高认识

加强《农民专业合作社法》的宣传贯彻,提高各级政府部门和广大农民对《农民专业合作社法》的认识。一是充分利用电视、报刊、广播等各种宣传工具,广泛深入地进行宣传;二是进一步明确在贯彻落实《农民专业合作社法》工作中的职责,增强政府部门贯彻《农民专业合作社法》的积极性、主动性和责任感;三是加强对合作社社员培训,提高果农素质。围绕主导产品和产业,通过集中培训和现场指导,对合作社社员开展水果生产技能和相关知识培训,加快培育一大批有较强市场意识、有较高生产技能、有一定经营基础的水果生产实用人才,增强果农从事主导产品生产加工销售和自我发展的能力,进而提高果农素质。

3.2 出台政策，加大扶持

一是财政扶持，区财政每年应安排专项资金，用于扶持合作社的发展；二是税收优惠，税务部门对水果专业合作社销售的产品视同农民自产自销的农产品，按有关规定，免征或减征营业税等；三是信贷支持，农村信用社等金融机构要加大信贷扶持力度，把水果专业合作社作为重要的扶持对象，支持其搞好生产经营服务；四是立项优先，科技、农林等部门对水果专业合作社申报的产品开发或推广项目，要优先予以立项，优先向水果专业合作社安排产业化项目、科技推广、产品质量安全体系、农机具补贴等项目，并为其开展相应政策与技术咨询服务。

3.3 加强指导，规范建设

一是根据合作社发展的不同阶段和规模，引导其建立符合自身情况的组织机构，制定依法有效的章程，严格按章程进行经营管理，健全财务制度，提升运行质量；二是提倡专业合作社有序发展，对产品特色鲜明、市场竞争力强、产业效益好的行业积极加以引导；三是继续推进规范化建设，增强凝聚力。严格按照《农民专业合作社法》和《浙江省农民专业合作社条例》，完善合作社章程，完善合作社法人治理结构。指导合作社加强内部管理制度建设，建立健全合作社财务管理制度，进行会计核算，对不符合要求的提出整改措施，对规模偏小和名存实亡的合作社要坚决给予整合或注销。同时，应加强合作社与社员间的利益联结，实行财务公开，维护广大社员的合法权益。

3.4 打造品牌，增强竞争力

合作社的成功之处就在于品牌的打造。每个合作社应拥有质量保证的产品，有自己的品牌和包装，才有市场竞争力。优质品牌的打造，可增强产品自身的价值，扩大产品的知名度和销售区域。知名度上升了，市场占有率就会提高，市场竞争力才会增强。这就要求合作社要注重发挥在水果新品种引进、新技术推广应用、产业结构调整等方面的载体和示范作用，注重开发名、特、优、新水果产品及深加工产品，特别是要大力开发名牌产品和特色产品。通过创建品牌，不断增强水果专业合作社的竞争能力。

3.5 部门协调，营造良好氛围

各街道和有关部门要从统筹城乡发展，重视三农工作的高度，把培育和发展水果专业合作社作为深化农村改革和发展的一项重要内容来抓，切实加强领导，各司其职，密切配合，形成合力。要建立部门间的协调机制，对制约合作社发展的一些难点问题，加强调查研究，适时出台相关扶持政策，逐步形成部门合力，为水果合作社的发展创造良好的氛围。

综上所述，水果专业合作社需要因地制地发展，同时，专业合作社内部也要不断完善机制，强化服务功能，维护社员权益。有关部门也应该在法律框架下为农民合作社发展创造良好的环境，共同搭建全社会支持水果专业合作社发展的服务平台。我们深信，通过政府和有关部门的正确引导及大力扶持，椒江水果专业合作社一定能够稳步健康发展。

对柑橘黄龙病防控工作的思考

李学斌[*]

（浙江省台州市椒江区农业林业局，台州　318000）

柑橘为椒江区农业的主导优势产业，也是重要的出口创汇农产品，为椒江农村农民经济收入的主要来源之一。近年来，由于柑橘黄龙病发生区域的不断北移，椒江面临该病的正面威胁，一旦迅速蔓延传播，将给柑橘业造成沉重打击，对实现农业的增效和农民的增收会带来很大的影响。自2002年以来，椒江已相继发现柑橘黄龙病的可疑病株和带毒柑橘木虱的传播，且发病数量在成倍增长，防控形势十分严峻，控制柑橘黄龙病的蔓延传播，保障柑橘业的安全，已成当务之急。

1　椒江区近年柑橘黄龙病的发生情况

柑橘黄龙病为国内植物检疫对象，是柑橘上的一种毁灭性病害。柑橘木虱是其主要的传播媒介。短时间内远距离传播主要靠带病的苗木、接穗以及台风漩涡卷带的带毒木虱。椒江自1996年在洪家塔下程首次发现柑橘木虱为害后，市、区两级政府十分重视，召开现场会，指导开展柑橘木虱的普查和全面落实扑灭防治工作，使柑橘木虱的发生为害受到有效的控制。但近几年来，由于柑橘苗木的无序流动，失管果园不断增多以及柑橘品种结构的调整，柑橘木虱和柑橘黄龙病的发生又迅速抬头。据统计，2002年全区柑橘黄龙病普查，仅发现少量的可疑病株。到2003年调查，柑橘黄龙病发生区域扩大到4个街道的11村，发病面积11亩，发病89株。而2004年的普查，发病区域又迅速扩大到6个街道的30个村，发病面积2 395亩，发病4 461株。2005年的发病情况更趋严重，病株数量还在大幅增加，这可能与感染柑橘黄龙病时间早、潜伏浸染时间长，及受近几年柑橘冻害、台风洪涝、失管等因素的影响，树势衰退，症状逐步显现有关。

柑橘黄龙病的发生传播，据2004年12月对全区柑橘黄龙病的发病情况调查，主要与以下因素有关：一是苗木的传播，为主要途径，跟苗木的无序流动有关，尤其南苗北调，流入许多带病虫苗木，经过几年栽培后，发病症状逐步显现；二是柑橘高接换种，由于选用带病接穗，而导致发病；三是带毒柑橘木虱的传播，柑橘树因遭受带毒柑橘木虱的为害而发病。

2　目前柑橘黄龙病防控工作存在的问题

柑橘黄龙病的防控工作，在各级政府的大力支持下，已取得很大的成绩，但存在问题也不少，一是对柑橘黄龙病防控的长期性和艰巨性缺乏足够的认识；二是对柑橘黄龙病普遍存在重挖轻防的思想，病株挖除力度很大，对已发病株，基本上做到百分百挖除，但防范意识

---

　*　李学斌（1966～　　），男，浙江省台州市椒江区林业特产总站高级农艺师，椒江区首席农技专家，一直从事水果技术推广工作

薄弱，特别是目前柑橘黄龙病还没有发生的柑橘产区，苗木、接穗调运混乱现象依然存在；三是柑橘黄龙病田间症状识别技术掌握不够，特别是广大橘农，易将柑橘的缺素黄化与黄龙病症状相混淆；四是对加强培育管理达到防控柑橘黄龙病的经验未得到及时总结和推广；五是柑橘无病毒良种繁育基地建设滞后；六是柑橘黄龙病的防控经费严重不足。这些问题的存在，严重地制约了柑橘黄龙病防控工作的开展。

3 对做好柑橘黄龙病防控工作的几点建议

3.1 强化宣传，提高对柑橘黄龙病防控长期性和艰巨性的认识

柑橘黄龙病的防控，由于传播媒介昆虫——柑橘木虱的普遍发生，失管橘园的不断增多，带病苗木、接穗的无序流动，会使柑橘黄龙病的发病进程加快，病株不断涌现，柑橘木虱要完全扑灭也绝非易事。根据各地的防控经验，柑橘黄龙病的防控工作，必须强化宣传，提高认识，把柑橘黄龙病防控工作作为一项长期而又艰巨的任务，深入持久地抓下去，才能出成效，结硕果。

3.2 推广健康栽培，提高植株的抗病力

柑橘黄龙病的防控，除领导重视，增加投入，发现病株及时挖除，并狠抓柑橘木虱的扑灭防治外，推行健康栽培，培育强壮树势，控制柑橘黄龙病的发生程度和扩散速度，也是一项重要的措施。目前，应全面推广培养开心形树冠，实行生草栽培，合理留果，集中施肥，病虫害优化防治等各项技术措施，增强树势，提高抗病力。

3.3 加强失管果园的监管，提高柑橘木虱防治和病株挖除的有效性

近几年由于受土地征占用，及部分果农外出务工、经商等原因，导致相当部分柑橘园严重失管，不施肥不喷药，放任生长，基本处于荒芜或半荒芜状态。这类失管橘园，树势弱、抽梢紊乱，是柑橘木虱发生的最适宜区，往往虫口密度高，发生为害重，同时也是柑橘黄龙病的高发区。特别是地处房前屋后、公路沿线及工业用地征用范围的橘园，完全处于失管状态，对这类橘园必须加强监管，该砍的砍，该改种的就改种。

3.4 加强培训和教育，提高橘农防控意识和挖除病株的自觉性

柑橘黄龙病在椒江发生时间不长，为害仅限局部地区，许多橘农对柑橘黄龙病为害的严重性还缺乏足够的认识，对柑橘黄龙病的田间识别症状也缺乏经验，必须加大技术培训和宣传教育。通过举办培训班，印发技术资料，组织田间会诊，召开现场会等措施，充分利用广播、电视、墙报等手段，宣传柑橘黄龙病为害严重性和防控工作的紧迫感，教育广大果农，以大局为重，着眼长远利益，增强防范意识，全面贯彻防控方针，自觉挖株病株，切断病源。

3.5 加强苗木、接穗的调运管理，防止柑橘病苗、病枝流入

近几年由于农业结构的调整和受土地征占用的影响，本地柑橘苗木的需求量较大，大部分苗木来自外地，通过集市供应当地需要，很少有通过开具产地检疫证书调入的，苗木的质量无法保证，流入带病苗木的可能性很大，对椒江区柑橘黄龙病的发生起到推波助澜的作用，各有关部门必须采取措施，控制苗木、接穗的无序流动，集中力量，打击无证苗木上市销售。如推广巨州巨江区的橘苗市场准入制，严格苗木产地检疫调运制度。

3.6 加快柑橘无病毒良种繁育基地建设，确保无病毒苗木的供应

建立柑橘无病毒良种繁育基地，提供安全优质无毒的柑橘苗木，对防止带毒苗木的扩散传播，具有十分重要的现实意义。必须加快建设椒江水果场的无病毒良种繁育基地，尽快开展柑橘无病毒苗木的繁育，填补台州市没有柑橘无毒苗生产的空白，解决柑橘无毒苗供应的困难。

3.7 增加资金投入，解决柑橘黄龙病防控经费的严重不足

柑橘黄龙病防控是一项长期而又艰巨的任务，牵涉面广，工作量大，投入人力、物力多，经费不足，抑制防控工作的开展，各级政府必须增加财政扶持力度，每年安排一定的预算，用于开展柑橘黄龙病的防控。

临海柑橘黄龙病发生的可能性及预防对策

颜丽菊[1]*　　高玲英[2]

(1. 浙江省临海市林业特产局，临海　317000；2. 临海市白水洋镇农技站)

柑橘黄龙病是我国柑橘的检疫性病害，曾给我国广东、福建、广西壮族自治区 3 省（区）的柑橘造成毁灭性打击。浙江省柑橘黄龙病 1980 年主要分布在瓯江以南部分橘区，随着气候变暖，1990 年以来逐渐向北扩展，近年来台州南部的玉环、温岭、黄岩等部分柑橘也相继发病，并呈现向北蔓延和病情加重之势，对柑橘生产造成严重的威胁。临海是中国无核蜜橘之乡，柑橘是临海市农民经济收入的主要来源。分析临海发生柑橘黄龙病的可能性，制定预防对策，有效控制该病的发生与蔓延是十分重要和迫切的。

1　临海柑橘黄龙病发生可能性

1.1　周边县（市）柑橘发病情况

临海地处浙江中部沿海，东经 120°49′~121°41′，北纬 28°40′~29°04′，处在黄龙病发生的边缘地区，南与椒江、黄岩接壤，周边黄岩、温岭、玉环、温州等地均有黄龙病。每年玉环文旦果实大量进入临海市销售，未经检疫的柑橘、苗木、接穗也时有由民间带入，而带病苗木、接穗恰恰是柑橘黄龙病传播的主要途径。因此，一不小心，极易将病菌传入。

1.2　柑橘木虱普遍存在

据 2002 年调查，柑橘木虱在临海各镇（街道）均有零星发生，以 104 国道沿线为多，发生面积约 1 200 公顷，对汛桥、永丰两地柑橘木虱送检，结果表明，带毒率达 11.7% 以上，而柑橘木虱是柑橘黄龙病的主要传播媒介，如不及时防治，带毒的木虱会将黄龙病传播开来。

1.3　气候变暖

近年来，由于冬季平均气温呈现显著上升趋势，冷冬年份少，2002 年、2003 年临海市 1 月（最冷月）平均气温分别为 6.2℃、8.4℃，1 月平均最低气温分别为 2.5℃、4.3℃，1 月最低气温分别为 − 2.1℃、− 1℃，且低温时间越来越短，为柑橘木虱生存提供了有利条件。

以上分析认为，临海柑橘黄龙病有发病条件，如不严格预防，极有可能暴发柑橘黄龙病，对柑橘安全生产埋下严重隐患。

2　柑橘黄龙病的严重危害性

临海全市现有柑橘面积 1.2×10^4 公顷，柑橘已成为全市农民经济收入的主要来源。一

---

　　* 颜丽菊（1964~　　），浙江省临海市特产技术推广总站高级农艺师，临海市水果首席农技专家，一直从事水果技术推广工作

且发生柑橘黄龙病，防除极为困难，柑橘感病后叶片、枝梢黄化，果实变小、畸形、味酸、无光泽，失去商品价值。得病后 3～5 年内丧失结果能力，最后橘树枯死，对柑橘生产危害极大，同时柑橘果实、苗木将不能外调，这势必给临海市农村经济带来巨大的损失。

3　柑橘黄龙病预防对策及成效

针对柑橘黄龙病发生的可能性和为害的严重性，为防止柑橘黄龙病的传入和为害，防患于未然，临海市采取紧急积极主动的预防措施，通过 3 年有效的防控，取得了良好的效果，柑橘木虱也得到了有效的控制。柑橘产业呈现稳定、持续、健康发展。2003 年，全市柑橘产量达 23×10^4 吨，产值近 4 亿元。柑橘主产区涌泉镇 2 133 公顷，产量 6×10^4 吨，产值 1.8 亿元，最高价格达 50 元/千克，涌泉岩鱼头橘场 2.7 公顷橘园，收入 150 万元，经济效益显著。

3.1　加强领导，建立和健全柑橘黄龙病防控体系

市里建立柑橘黄龙病防控工作指挥部，由分管领导担任总指挥，统一组织领导，部署落实全市柑橘黄龙病防控工作。各镇（街道）、合作社成立相应组织，做好本镇（街道）、合作社柑橘黄龙病防控工作的指挥、牵头和落实；农业部门成立技术指导组，加强对柑橘黄龙病防控的技术指导；交通运输和邮政部门凭有效植物检疫证明受理运输和邮寄柑橘苗木业务；财政、公安等其他有关部门积极配合，协同做好防控工作。

3.2　加强对柑橘黄龙病知识和防除技能的宣传与培训，确保防控工作顺利、有效开展

充分利用广播、会议、培训、印发资料等进行广泛宣传，使广大果树栽培、植保技术人员和柑橘生产者对柑橘黄龙病危害性有充分认识，知道柑橘木虱是传播黄龙病的媒介昆虫，而黄龙病又是柑橘毁灭性病害，从而增强对黄龙病的防范意识，提高防控的紧迫性和自觉性，同时，加强柑橘黄龙病防控业务技术培训，提高广大果农识别和掌握柑橘黄龙病、柑橘木虱及其防除技能，一旦发生能及时发现和扑灭。

3.3　严格执行检疫制度，禁止疫情发生地苗木接穗调入

改革开放后人员流动日益频繁，人为携带、传播带病苗木、接穗，成为黄龙病传播蔓延的主要途径。因此，临海市非常重视植物检疫工作，严格植物检疫制度，加大法律、法规宣传和执法力度，加强柑橘苗木市场管理，杜绝带病苗木及一切带病材料进入，对未经检疫调运或从疫情发生地调入柑橘苗木接穗的，进行依法从严查处，当众销毁；如需从外地调入橘苗的，必须到市植检站办理《检疫要求书》，进行全程检疫，本地自繁的橘苗如需到市场上销售的，必须到镇（街道）农技站办理《产地检疫合格证》，凭证出售，确保新种苗木无病害。

3.4　全面杀灭柑橘木虱，减少黄龙病传毒机率

媒介木虱的发生量是决定病害蔓延速度的主要因素，木虱发生量多则病害蔓延快，反之则慢；台州市柑橘木虱虽呈零星分布，但发生的面广。因此，杀灭木虱，是防止黄龙病蔓延的关键措施，一是做好普查、摸底，彻底查清柑橘木虱的分布和危害情况；二是做好预测预报，抓住柑橘木虱发生的关键时期，发布病虫情报，以镇（街道）为单位，统一防治，及时扑灭，提高防效；三是所有橘园，尤其是失管橘园或房前屋后零星橘树及其他芸香料寄主植物，均做到全面喷治，不留死角；四是选用 10% 吡虫啉 1 000～1 500 倍液加阿维菌素

2 000 ~ 3 000倍液或5%啶虫脒2 500 ~ 3 000倍液或1%灭虫灵乳油2 000倍液等高效低毒药剂，轮换交替使用，提高药效。

3.5 加强栽培管理，培育健壮树势，提高橘树抗病能力

3.5.1 集中配方施肥

温州蜜柑一年施2 ~ 3次肥料，做到夏肥重施，采果肥及时施，春肥看树施；增施磷、钾肥，适控氮肥，适施有机肥，及时补充硼、锌、钼等微量元素，使橘树抽梢整齐，壮而不旺长，提高抗病力。

3.5.2 加强嫩梢管护

柑橘嫩梢抽发量多少与木虱虫口有明显的正相关，抽梢集中、整齐，嫩梢期短，不利于木虱长期产卵和生存，针对这一特点，春季结合控梢保果，对少花或中花旺长树在开花前抹除树冠外围所有春梢，中下部春梢抹去1/2 ~ 2/3，留下的春梢留3 ~ 4片叶摘心，促进春梢老熟；结果树夏梢全部抹除；温州蜜柑于7月20日以后统一放秋梢，9月中旬以后抽发的晚秋梢全部抹除。这样，既提高了柑橘坐果率，又使各次新梢抽发整齐一致，缩短了嫩梢期，可有效地减少木虱的生活、繁殖场所和传播，同时，便于喷药防治。

3.5.3 合理整枝修剪

彻底剪除枯枝、病虫枝，对树冠高大郁蔽橘树采取开天窗，降低树冠，促进通风透光，增强树势。

3.5.4 优化病虫防治

狠抓冬、春两季的清园。结合整枝修剪，彻底清除病虫枝、枯枝落叶并集中烧毁。在此基础上，于采后、春芽萌发前，选择石硫合剂或松脂合剂或机油乳剂等全面清园，降低柑橘木虱等病虫越冬基数；生长季节在重点抓好疮痂病、黑点病、蚧类、螨类等影响果实品质和外观的病虫害防治的同时，萌芽抽梢期，结合蚜虫、潜叶蛾、木虱防治，保护好新梢。

3.6 加强对失管橘园与零星橘园的管理

房前屋后零星种植的橘树，往往管理比较粗放，全年几乎不喷药不施肥，放任生长。这类失管的橘树，一般树势比较弱，抽梢比较零乱，往往是柑橘木虱发生较多的场所。因此，集中力量加强这类橘树的管理，该砍掉的砍掉，该管理的管理，使柑橘木虱防治不留死角。

3.7 及时挖除病株或可疑病株，并集中销毁，以绝后患

在挖除病株前应对病株及附近橘树喷杀虫剂，以防止柑橘木虱向周围柑橘转移传播。

加强领导　强化投入　扎实推进柑橘无病毒良种繁育场建设

李学斌[*]

（浙江省台州市椒江区农业林业局，台州　318000）

柑橘无病毒良种繁育场建设，是实施柑橘产业转型升级的一项重要配套工程。在省、市、区各级政府和上级有关业务部门的大力支持和指导帮助下，由农业部立项在椒江区水果场建设的柑橘无病毒良种繁育场项目，建设用地 700 亩，历经 5 年多的建设，完成总投资 1 000 多万元，已建成完善的柑橘良种繁育体系。柑橘无病毒良种苗木繁育所需的各项设施配套齐全，生产能力在稳步提高，示范推广应用面积在逐年增加，为各地加快柑橘无病毒良种示范基地建设和促进柑橘黄龙病等病害的防控发挥重要的作用。

1　加强领导，着力保障项目实施

柑橘无病毒良种繁育场项目为农业部在椒江区实施的第一个农业重点工程，项目工程量大、牵涉面广、时间紧、任务重。椒江区委、区政府领导十分重视，多次研究落实项目建设事宜，并把该项目分别列入椒江区农业重点建设工程和椒江科技示范区建设十大重点项目，分管区长亲自抓，多次召开计委、城建、农林、土地、水利、房管等有关部门领导参加的项目建设协调会，及时解决项目建设过程中的疑点和难点，要求各部门统一思想，提高认识，密切配合，在项目审批手续上从简，在收费上力求能减则减，能免则免，在报批时间上从速，确保项目建设进度。同时为保障项目各项工作的有序开展，明确分工，落实责任，项目成立了专门的组织机构—浙江省柑橘无病毒良种场建设指挥部，负责项目的组织实施、运行管理和监督落实等工作。

2　强化资金投入，着力完善繁育设施

柑橘无病毒良种繁育场系农业部 2001 年 10 月批复立项，2004 年 10 月在椒江动工兴建，总投资为 680 万元，其中，中央投资 280 万元，主要用于仪器设备的采购，省和地方财政配套投资各 200 万元，用于基础设施建设。2007 年 10 月项目基本建成并投入试运行，2008 年 12 月通过省厅竣工验收。由于该项目从申报批复到竣工验收，历时八年多，原有的项目设计方案和无病毒良种苗木繁育方式符合当时生产条件，但不能满足现有技术的发展和标准化生产的需要。如"三园一圃"，即原种母本园、良种母本园、砧木母本园和采穗圃等建设，已由露地栽培转为网室培育保存，柑橘无病毒苗的繁育已由露地培育发展为网室容器繁育，按现有的无病毒苗生产技术标准，该项目配置的温网室等设施严重不足，后续配套资金投入

---

[*]　李学斌（1966~　　），男，浙江省台州市椒江区林业特产总站高级农艺师，椒江区首席农技专家，一直从事水果技术推广工作

缺口很大。在上级业务部门和当地政府的高度重视下，项目实施单位积极努力，自项目投入试运行后，累计向农业、财政、科技、土地、水利等部门争取到项目建设补助资金 400 多万元，新建 2 万多立方米的水库 1 座，网室和温室面积分别达到 5 400 平方米和 1 200 平方米，比原有设计扩大 10 倍，新建连栋大棚 8 000 平方米，使柑橘无病毒良种苗木繁育设施总面积达到 15 000 平方米，年柑橘无病毒容器苗生产能力提高到 50 万株。随着各项设施的不断完善，使柑橘无病毒良种苗木繁育实现标准化、规范化和产业化生产的条件日趋成熟。

3　强化技术投入，着力提高繁育质量

柑橘无病毒容器苗繁育，是一项新兴产业，技术要求高，实施难度大，尤其设施培育，在我地尚无经验借鉴，从育苗容器和育苗基质的选择，再到繁育过程的各项管理均需不断探索实践。

除依靠自身力量外，借助外部力量来提升技术水平十分重要，椒江区的做法：一是以中国柑橘研究所等科研部门为技术依托，开展技术合作和提供技术咨询；二是选派专人赴中国柑橘研究所和省柑橘研究所学习柑橘病毒检测与鉴定技术及柑橘无病毒苗生产知识；三是组织项目实施单位赴湖南安化和江西赣州等地考察学习无病毒苗生产技术，不断丰富柑橘无病毒苗的生产知识，吸收和消化外地的成功经验，充实自身的生产技术水平，为进一步扩大柑橘无病毒容器苗的生产打好基础。目前，柑橘无病毒容器苗的生产已从 2008 年的年产 2 万株，提高到 20 万多株，可不断满足各地对柑橘无病毒容器苗的需求。

4　强化管理措施，着力提高繁育效率

柑橘无病毒容器苗的繁育，具有高标准、高成本和高要求等特点，严重制约着柑橘无病毒容器苗的生产。向管理要效益在柑橘无病毒容器苗生产管理上同样适用，3 年来采取的四项应变管理措施，取得明显成效。一是改多人管理为专人管理，明确责任，强化落实；二是育苗容器和育苗基质，改分批分次采购为集中规模采购，仅此一项使容器育苗株生产成本降低 1 元；三是苗木培育管理从集中统一管理改为分步承包管理，如育苗基质人工分装和苗木嫁接等主要环节承包责任到人，实行责、权、利挂钩，对进一步降低生产成本，提高作业效率起到重要作用；四是实施标准化生产和规范化管理，柑橘无病毒容器苗按技术规程组织生产，生产过程中进行不定期的柑橘病毒检测，在苗木出圃前再进行一次抽检，以确保出圃苗木的质量安全。

5　存在问题及下阶段打算

柑橘无病毒良种繁育场建设，通过几年来的建设，各项先进繁育设施的不断引进和应用，已取得一定成效，尤其柑橘无病毒容器苗的示范应用，因其引种相对比较安全，移栽不受季节限制，运输方便，定植后生长快，通常比露地苗栽培提早结果 1~2 年，普遍受农技部门和种植大户的欢迎。但经过近 3 年的运行管理，柑橘无病毒苗生产存在的问题还是不少，主要有以下几个方面。

5.1　苗木生产成本高

主要表现为 3 个方面，一是育苗基质成本高，每株成本 3 元左右；二是苗木嫁接等人工

管理成本高，日常灌水、病虫防治以及苗木嫁接等各生产环节，均比常规育苗成本高，一般株管理成本比常规育苗高0.5元；三是网室等苗木生产设施维修成本高。椒江地处浙江中部沿海，7~9月易遭台风等灾害性天气影响，苗木培育网室常年都有不同程度损坏，每年均需一定的维修费用，且严重影响苗木的安全生产。

5.2 培育品种难确定

近几年柑橘市场变化起伏较大，对不同柑橘品种，市场需求年际间差异较大，因此对苗木品种的要求也随着多变，因此对苗木繁育品种的准确定位并及时进行苗木繁育，接轨市场需求的难度很大。

5.3 运作经费难解决

在柑橘无病毒良种繁育场投入运营后，日常承担的柑橘良种检脱毒及项目的运作管理没有专职人员和专项经费预算，依靠自身力量，无法维持正常运行。

6 几点建议

柑橘无病毒良种繁育场建设项目，是一项社会民生工程、事关柑橘产业发展大计，要求各级政府和有关部门必须继续予以关心和支持。

加强领导，制定切实可行的柑橘无病毒苗产业发展规划，使项目实施目标更明确，措施更有力，任务更清晰。

配备必需的技术人员，柑橘良种检脱毒是一项具有较高科技含量的公益事业，目前没有专职人员，靠临时抽调人员组织实施，严重影响该项工作的进度和实施成效，建议增设1~2名专职人员。

组建技术攻关队伍，开展柑橘检脱毒和无病毒苗繁育的一些关键节本增效技术研究，着力提高检测和繁育效率，以进一步降低生产成本，加快推广应用。

参照外地经验和做法，出台柑橘无病毒容器苗的繁育补贴和柑橘无病毒示范基地建设苗木补助政策，对推进柑橘无病毒苗产业的发展至关重要，这对充分发挥柑橘无病毒容器苗的优越性，加快柑橘无病毒示范基地建设，促进柑橘黄龙病等危险性病害的防控，实现柑橘业的可持续发展，要求十分迫切，建议各有关部门尽早出台相关扶持政策。

强化柑橘无病毒苗的宣传力度。通过以点带面，抓好柑橘无病毒示范基地建设，树立先进实用技术应用典范，广泛宣传发动应用柑橘无病毒苗的重要性、优越性、实用性和长效性，切实推进柑橘无病毒苗的推广应用步伐，努力实现柑橘业的又好又快发展。

构建柑橘良繁体系，打造"平安"柑橘产业

李学斌[*]

（浙江省台州市椒江区农业林业局，台州　318000）

柑橘作为椒江重要的经济作物，是椒江农业的主导优势产业，年产量 3 万吨，创产值 5 000多万元。椒江柑橘产业，成为调整农业种植结构、发展效益农业、实现农业增效和农民增收的主要门路之一。但柑橘黄龙病等危险性病害的发生蔓延和传播，局部产区为害的不断加剧，给柑橘业的健康发展构成严重威胁。为保障椒江区柑橘业的安全，实现又好又快发展。自 2005 年开始，以农业部立项的浙江省柑橘无病毒良种繁育场建设项目为契机，建柑橘良种繁育设施，引柑橘无病毒良种，育柑橘无病毒良种苗木，全面构建柑橘良种繁育体系，着力打造"平安"柑橘产业。柑橘无病毒良种繁育场项目的实施，得到各级领导和同行专家的高度认可，并对项目的组织实施、基地条件和柑橘无病毒良种繁育设施等建设工作都给予高度评价。主要做法如下。

1　引进良繁品种，建立良繁基地

为加快椒江区柑橘品种结构调整，促进柑橘品种的更新换代，自 2006 年开始从中国柑橘研究所、湖南省柑橘无病毒良种场、江西赣州柑橘良种场、丽水市农科院等地相继引入柑橘良种 20 多个，其中，柑橘无病毒良种 15 个，主要有宫本、山下红、日南、大分、安化红、宫川、龟井、兴津、纽新、杨少 2 ~ 6、椪柑 260、诺瓦橘柚、鸡尾葡萄柚、无核椪柑、无核欧柑等，同时委托中国柑橘研究所完成对少核本地早、满头红等地方柑橘良种的脱毒繁育，建成柑橘良种繁育基地 160 亩，其中，原种母本园 20 亩，母本园 50 亩，采穗圃 30 亩，砧木母本园 10 亩，苗圃 50 亩。

2　建设良繁设施，培育无病苗木

为改变传统育苗方式，引入先进的柑橘无病毒苗繁育技术，自 2005 年开始按柑橘无病毒苗繁育要求，相继建成智能玻璃温室、PC 板温室、防虫网室、钢架连栋大棚等 10 余座，其中，网室原种圃 500 平方米，网室采穗圃 2 000平方米，育苗大棚 5 000平方米，病毒鉴定和良种引进保存温室 1 500平方米，为柑橘无病毒苗良种的保存和繁育创造良好的条件，同时配置柑橘检脱毒实验室 200 多平方米，及时为苗木繁育和各品种检脱毒服务，目前，年可培育柑橘无病毒苗 30 多万株。

---

　*　李学斌（1966 ~　　），男，浙江省台州市椒江区林业特产总站高级农艺师，椒江区首席农技专家，一直从事水果技术推广工作

3 引进先进技术，实现高效栽培

几年来为降低柑橘生产成本，提高柑橘的产量和品质，实施柑橘产业的转型升级，相继引进多项先进实用技术，对柑橘节本增效，提高品质效果十分显著。一是引进节水灌溉设施，如滴灌、微喷等，每亩可节约人工费200多元；二是着力推广有机肥和有机复混肥，减少化肥使用量，综合利用人畜粪便，保护生态环境，促进柑橘优质丰收；三是果园安装太阳能杀虫灯，既环保节能，又能防治害虫，2010年共引进15盏，覆盖果园400多亩，对控制柑橘害虫，减少防治次数，促进柑橘丰产丰收发挥重要作用；四是推广反光膜覆盖，对促进柑橘果实着色，增进品质，提高柑橘果实商品质量，提高售价，增加效益发挥重要作用。

4 推广无病苗木，保障生产安全

苗木是柑橘生产最基础、最重要的生产资料，质量好坏与安全与否，事关柑橘产业发展成败。柑橘无病毒容器苗，具有生长快、结果早，品质优、生产安全等特点，很受广大果农欢迎。推广柑橘无病毒容器苗，对确保柑橘业的安全生产，促进柑橘产业的转型升级，实现柑橘业的可持续发展具有十分重要的现实意义。截至2011年，累计已繁育推广柑橘无病毒容器苗100万株，发展近万亩，除椒江本地外，苗木供应还遍及台州各县（市、区），为保障台州柑橘业的安全和控制柑橘黄龙病等危险性病害的蔓延传播，打造"平安"柑橘产业发挥重要作用。